电子电气信息类专业系列教材

裴晓芳 编著

物联网技术仿真实训教程

江苏大学出版社
JIANGSU UNIVERSITY PRESS
镇 江

图书在版编目(CIP)数据

物联网技术仿真实训教程 / 裴晓芳编著. — 镇江 : 江苏大学出版社，2021.3
ISBN 978-7-5684-1505-7

Ⅰ. ①物… Ⅱ. ①裴… Ⅲ. ①物联网－计算机仿真－教材 Ⅳ. ①TP393.4②TP18

中国版本图书馆 CIP 数据核字(2021)第 054143 号

物联网技术仿真实训教程
Wulianwang Jishu Fangzhen Shixun Jiaocheng

编　　著/裴晓芳
责任编辑/郑晨晖
出版发行/江苏大学出版社
地　　址/江苏省镇江市梦溪园巷 30 号(邮编：212003)
电　　话/0511-84446464(传真)
网　　址/http://press.ujs.edu.cn
排　　版/镇江市江东印刷有限责任公司
印　　刷/江苏凤凰数码印务有限公司
开　　本/787 mm×1 092 mm　1/16
印　　张/13.5
字　　数/284 千字
版　　次/2021 年 3 月第 1 版
印　　次/2021 年 3 月第 1 次印刷
书　　号/ISBN 978-7-5684-1505-7
定　　价/40.00 元

如有印装质量问题请与本社营销部联系(电话:0511-84440882)

前 言

本书是参照教育部高等学校教学指导委员会编写的《普通高等学校本科专业类教学质量国家标准》，结合目前物联网技术实践课程教学的基本要求编写而成。

随着互联网技术的发展，物联网技术在近十余年来得到了蓬勃的发展，它已成为社会信息化最重要的推动力量之一，是当前科学研究的重要领域。物联网的三大关键技术分别是感知、传输、报告计算。传感器就相当于人的五官四肢，可以采集信息；网络实现数据信息的传输；计算机完成数据的报告计算。

本书针对物联网中的核心技术，如 RFID、蓝牙、ZigBee 等设计实验案例，介绍构建完整物联网体系的总流程，包括基本的网络组建技术、节点的数据传输方式、实验结果、实验报告要求等。实验设计由浅入深，实验步骤讲解详细，实验结果直观明了。实验项目借助配套的软件仿真环境和硬件开发套件，帮助读者理解物联网关键技术，培养面向物联网思维模式及物联网开发实践能力，提高解决实际问题的能力。通过综合实训项目的训练，读者从实际应用的角度，理解并掌握物联网核心技术，熟悉并掌握“物联网”搭建和调试全流程。

本书以实践为主，配合理论知识，内容翔实、实例丰富。本书可以作为高等院校物联网相关专业课程的实践教材或参考书，也可作为相关工程技术人员的参考书。

本书的出版得到了 2019 年江苏高校一流专业（电子信息工程，No. 289）建设项目、2019 年无锡市信息技术（物联网）扶持资金（第三批）扶持项目即高等院校物联网专业新设奖励项目（通信工程，No. D51）、2020 年无锡信息产业（集成电路）扶持基金（高等学校集成电路专业新设奖励）项目（含电子信息工程、光电信息科学与工程、电子科学与技术专业）的大力支持，在此表示衷心感谢！

由于作者水平有限，书中难免会存在一些不足之处，恳请读者提出宝贵意见。

编著者

2020 年 10 月

目　录

实验一 温湿度传感器

一、实验目的

（1）掌握温湿度传感器的组网方式；

（2）理解温湿度传感器的参数含义；

（3）了解温湿度传感器的应用场景；

（4）掌握实现体育馆中空调温湿度的自动控制的方法。

二、实验仪器

Com-Way 移动互联创新开发仿真系统。

三、实验内容

1. 数据配置

温湿度传感器通过串行总线连接 ZigBee 传输模块；ZigBee 传输模块通过串行总线连接控制器，通过 ZigBee 线缆连接 ZigBee 网关；控制器通过控制总线连接场景中的空调；ZigBee 网关通过网线与信息中心的路由器相连，同时，路由器通过网线连接云端服务器，通过 WiFi 连接手机，如图 1-1 所示。

具体的参数配置见表 1-1 至表 1-8。

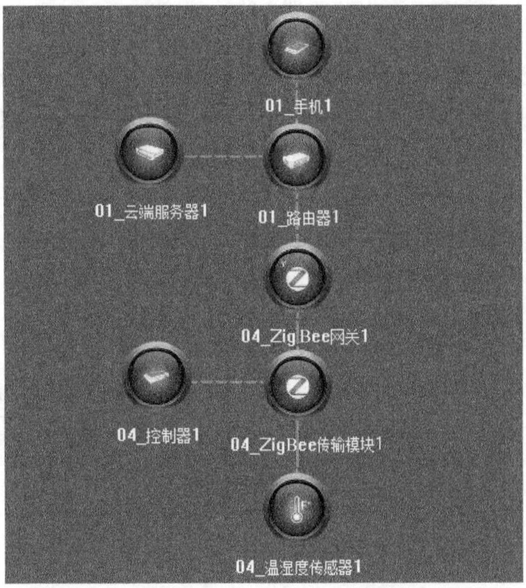

图 1-1　温湿度传感器实验原理示意图

表 1-1　温湿度传感器参数配置

主要数据	参数名称	参数值
设备信息	SN 码	自动生成
	设备类型	自动生成
参数信息	总线速率/(kbits/s)	240

表 1-2　控制器参数配置

主要数据	参数名称	参数值
控制参数	总线速率/(kbits/s)	240

表 1-3　ZigBee 传输模块与 ZigBee 网关参数配置

ZigBee 传输模块（A）			ZigBee 网关（B）		
主要数据	参数名称	参数值	主要数据	参数名称	参数值
设备信息	SN 码	自动生成	ZigBee 节点集/0	SN 码	与 A 中生成的 SN 码一致
传输参数	节点地址	A1-B1-C1-D1		节点地址	A1-B1-C1-D1
	总线速率/(kbits/s)	240	ZigBee 节点集/0/传输参数	网络拓扑	点对点
	网络拓扑	点对点			
	节点类型	终端设备		节点类型	网关设备
	重启自动加入网络	是		重启自动加入网络	是
	网络密钥	101		网络密钥	101

表 1-4　ZigBee 网关与路由器参数配置

ZigBee 网关（A）			路由器（B）		
主要数据	参数名称	参数值	主要数据	参数名称	参数值
设备信息	SN 码	自动生成	端口配置/0	对端设备 SN 码	与 A 中生成的 SN 码一致
上行接口/FE 接口设置	IP 地址	1. 1. 1. 1		IP 地址	1. 1. 2. 1
	子网掩码	255. 255. 0. 0		子网掩码	255. 255. 0. 0
	网关	1. 1. 2. 1			
	VLAN	1		VLAN	1
	端口模式	tag		端口模式	tag

表 1-5　云端服务器与路由器参数配置

云端服务器（A）			路由器（B）		
主要数据	参数名称	参数值	主要数据	参数名称	参数值
设备信息	SN 码	自动生成	端口配置/1	对端设备 SN 码	与 A 中生成的 SN 码一致
硬件配置/网卡 0/FE0	IP 地址	1. 1. 1. 2		IP 地址	1. 1. 2. 2
	子网掩码	255. 255. 0. 0		子网掩码	255. 255. 0. 0
	网关	1. 1. 2. 2		端口模式	untag

表 1-6　手机与路由器参数配置

手机（A）			路由器（B）		
主要数据	参数名称	参数值	主要数据	参数名称	参数值
WiFi 接口设置	SSID 名	comway	WiFi 参数	SSID 名	comway
	网络密钥	101		网络密钥	101

表 1-7　手机与云端服务器参数配置

手机（A）			云端服务器（B）		
主要数据	参数名称	参数值	主要数据	参数名称	参数值
设备信息	设备类型	手机	应用终端节点集/0	应用端类型	手机
	SN 码	自动生成		SN 码	与 A 中生成的 SN 码一致
注册信息	用户名	101		用户名	101
	密码	101		密码	101

表 1-8　温湿度传感器与云端服务器参数配置

温湿度传感器（A）			云端服务器（B）		
主要数据	参数名称	参数值	主要数据	参数名称	参数值
设备信息	设备类型	温湿度传感器	传感器节点集/0	传感器类型	温湿度传感器
	SN 码	自动生成		SN 码	与 A 中生成的 SN 码一致

2. 设备安装步骤

（1）打开软件。

双击桌面上的“Com-Way 移动互联创新开发试验系统_S”图标，打开软件。

（2）登录帐号。

输入用户名、密码后，点击“登录”按钮，如图 1-2 所示。

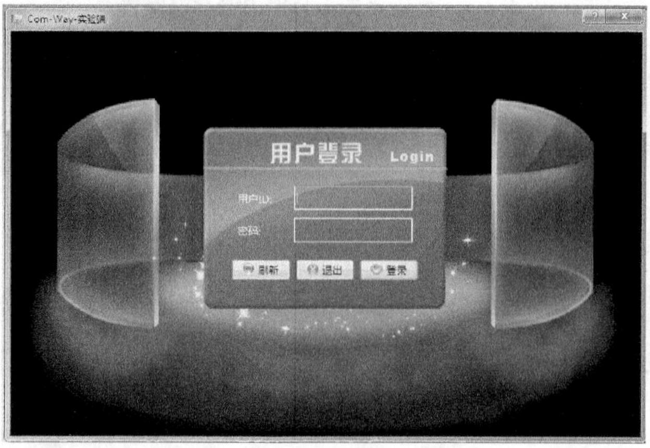

图 1-2　登录页面

（3）进入软件界面。

登录系统后，进入如图 1-3 所示的软件主界面。

图 1-3　软件主界面

软件主界面部分图标功能如下：

系统安装：安装设备及接线。

系统调试：对所安装的设备进行参数配置。

创新开发：结合创新开发套件，进行相关创新性项目开发。

教学资源：内有实验指导书、课件、指导视频。

考试系统：教师可以制作并上传理论题目，考试时将考试题目下发给学生。

（4）安装主界面系统。

点击主界面系统安装的图标，安装各系统。

（5）设置分辨率和画质。

在图 1-4 所示的登录界面初始化选择界面的弹框中点击“Play”即可，其中，“Windowed”为窗口化显示，“Screen resolution”为调试屏幕分辨率，“Graphics quality”为显示质量，“Select monitor”为显示器，选择“Display 1”。

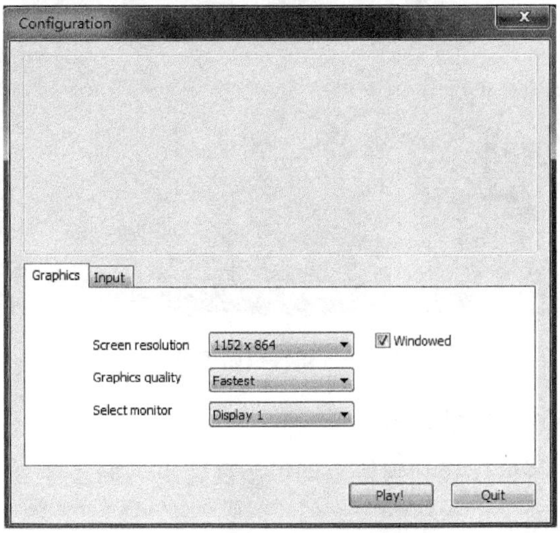

图 1-4　登录界面初始化选择界面

（6）场景选择。

在图 1-5 所示的主场景登录界面选择“智慧校园”主场景。

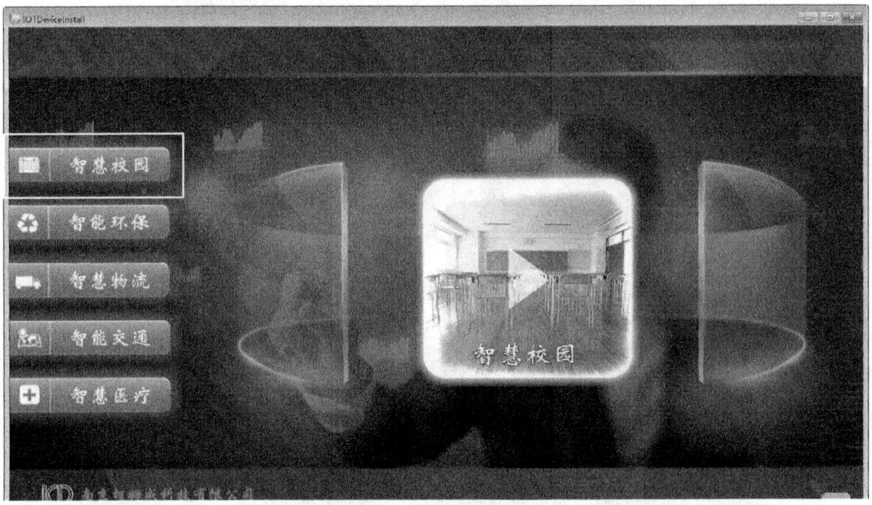

图 1-5　主场景登录界面

（7）进入校园场景。

智慧校园主场景如图 1-6 所示。

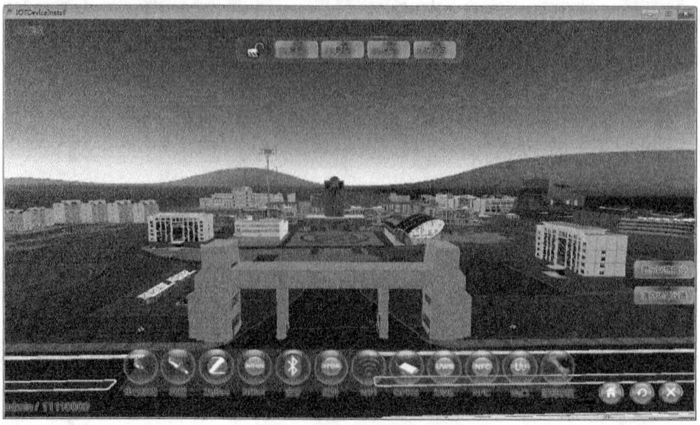

图 1-6　智慧校园主场景

（8）进入校园游泳馆并安装设备。

找到游泳馆建筑，将鼠标移到建筑上即可出现建筑名称字样（见图 1-7），双击游泳馆建筑进入游泳馆内，如图 1-8 所示。

图 1-7　游泳馆场景位置

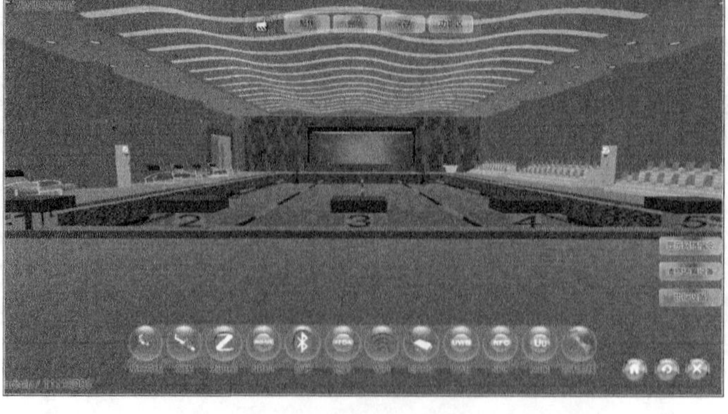

图 1-8　智慧校园中的游泳馆小场景

（9）寻找环境温度功能区。

① 点击功能区图标，自动出现所有可安装的区域，并以光晕高亮显示，如图 1-9 所示。

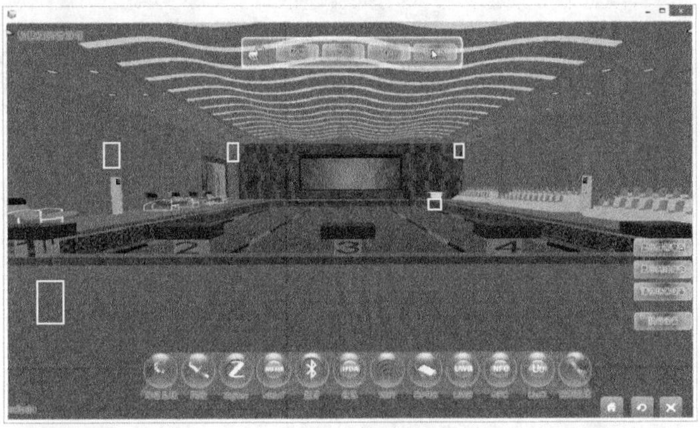

图 1-9　功能区总览

② 鼠标移动到光晕区域，会自动显示安装区域的名称，找到环境温度功能区，如图 1-10 所示。

图 1-10　环境温度功能区

（10）安装温湿度传感器。

① 双击安装区域，自动靠近安装区域，在界面左侧出现安装需要用到的各种设备，如图 1-11 所示。

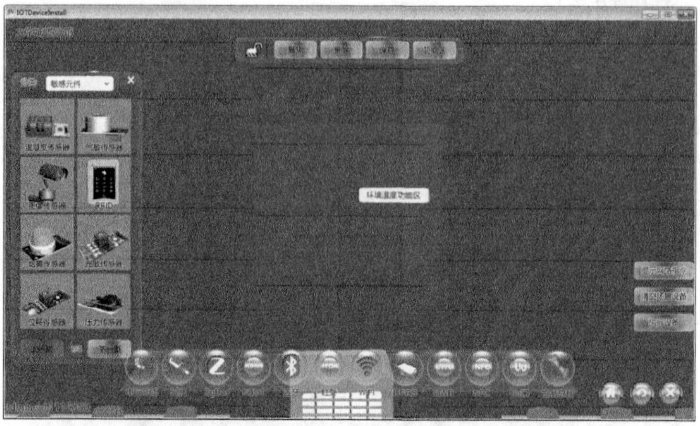

图 1-11　找到温湿度功能区进行设备安装

② 在分类框中选择敏感元件，即传感器设备，如图 1-12 所示。

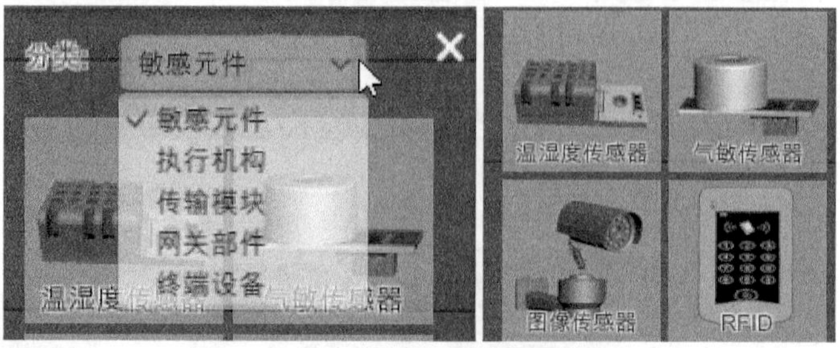

图 1-12　在功能区上查看传感器

③ 找到温湿度传感器，将鼠标放置在温湿度传感器图标上，单击鼠标左键并摁住不放，将温湿度传感器拖拽到安装区域后松开即可，如图 1-13 所示。

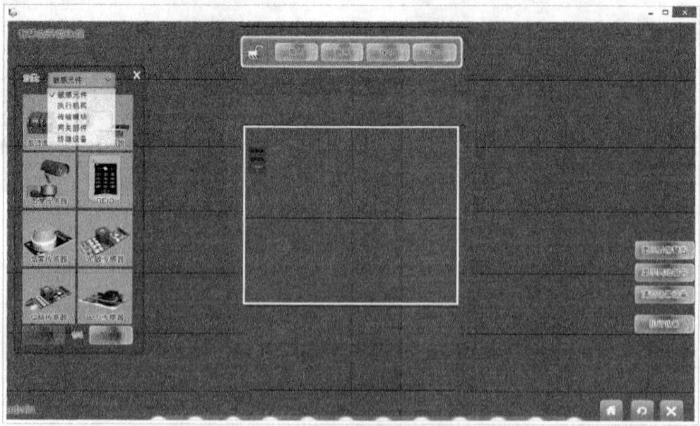

图 1-13　安装温湿度传感器

（11）安装执行机构。

在分类框中，选择执行机构，将控制器拖拽到安装区，如图 1-14 所示。

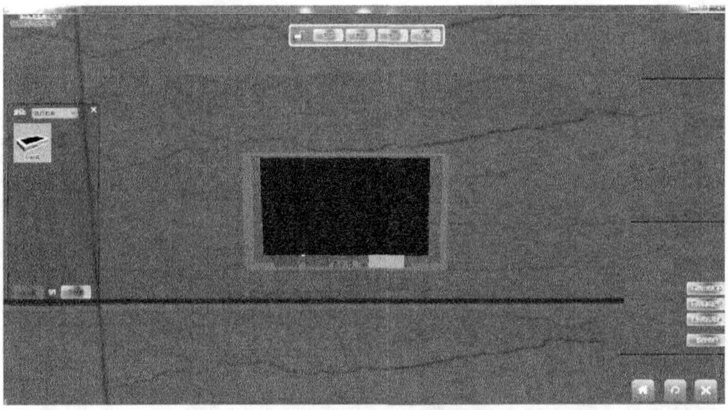

图 1-14　安装执行机构

（12）安装传输模块。

在分类框中，选择传输模块，将 ZigBee 传输模块拖拽到安装区，如图 1-15 所示。

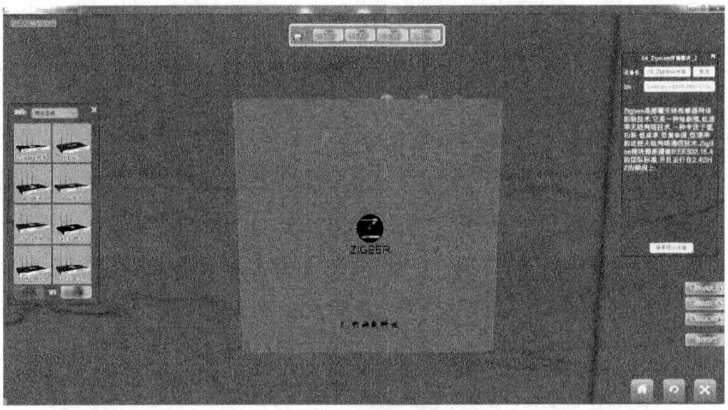

图 1-15　安装传输模块

（13）安装传输网关。

在分类框中，选择网关部件，将 ZigBee 网关拖拽到安装区，如图 1-16 所示。

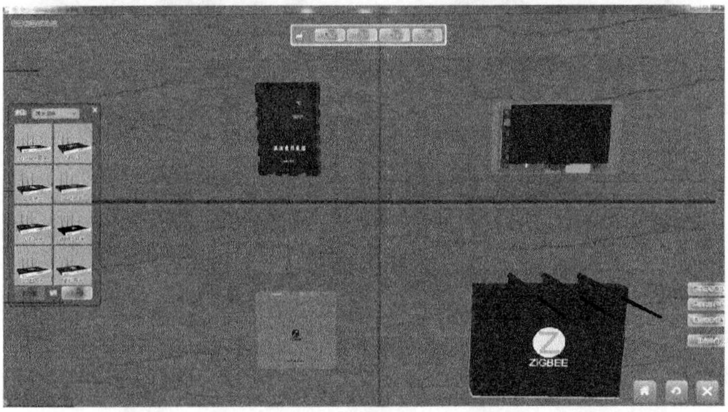

图 1-16　安装传输网关

（14）线缆连接。

① 将鼠标移到屏幕下方，会自动出现线缆，如图 1-17 所示。

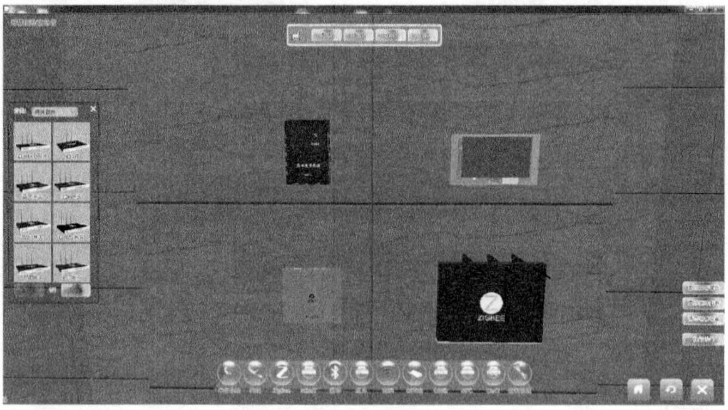

图 1-17　连接线缆

② 双击串行总线图标，图标变成淡蓝色即表示已选中串行总线（见图 1-18），然后鼠标左键单击温湿度传感器，即将串行总线连接到传感器上，右侧上方会出现接线路径，如图 1-19 所示。

图 1-18　选中串行总线

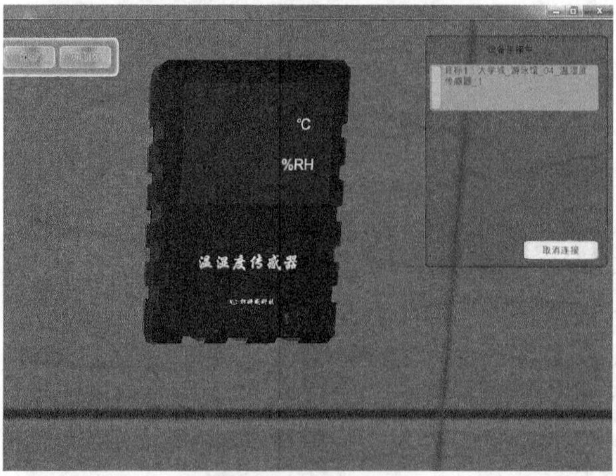

图 1-19　线缆连接路径显示

③ 点击 ZigBee 传输模块，即可将温湿度传感器与 ZigBee 传输模块连接在一起，这时设备上方出现带有颜色的立方体，即表示接线完成，如图 1-20 所示。

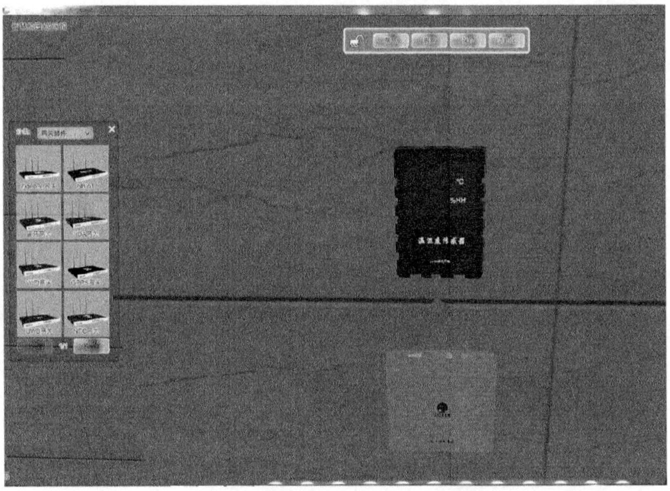

图 1-20　完成连线状态的标识显示

④ 采用同样的方式，将其他设备用相应的线缆连接起来，传输模块与控制器通过串行总线连接，控制器与空调通过控制总线相连，安装效果如图 1-21 所示。

⑤ ZigBee 网关通过网线与信息中心的路由器相连，点击 ZigBee 网关后，点击图 1-22 右下角所示的返回图标，回到校园场景，双击“信息中心”图标，进入信息中心，如图 1-23 所示。

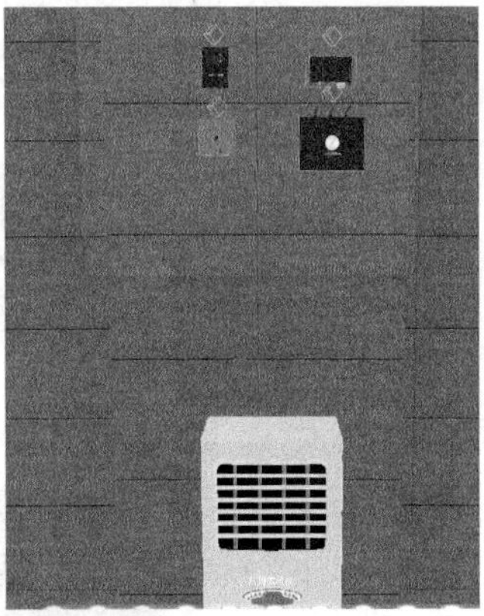

图 1-21　设备安装效果

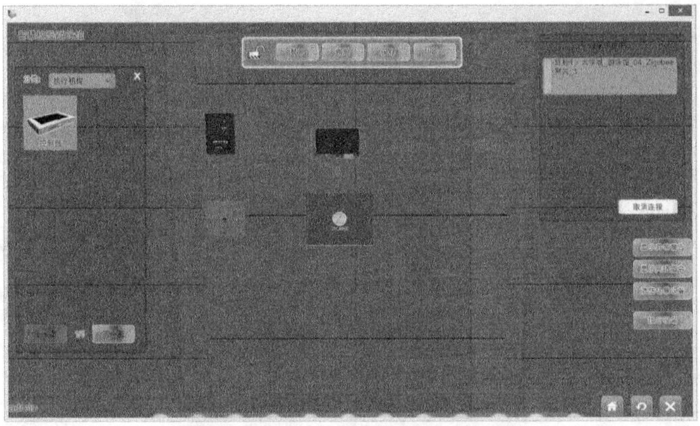

图 1-22　返回智慧校园主场景

图 1-23　进入信息中心

（15）安装设备。

① 在场景中找到黑色的通信机柜，并双击图标，即可靠近机柜，如图 1-24 所示。将鼠标滚轮向后滑动，找到柜门把手，点击把手即可打开机柜，如图 1-25 所示。

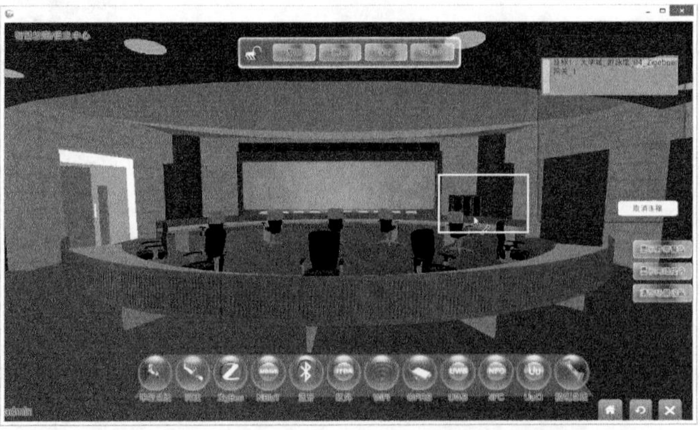

图 1-24　安装机柜

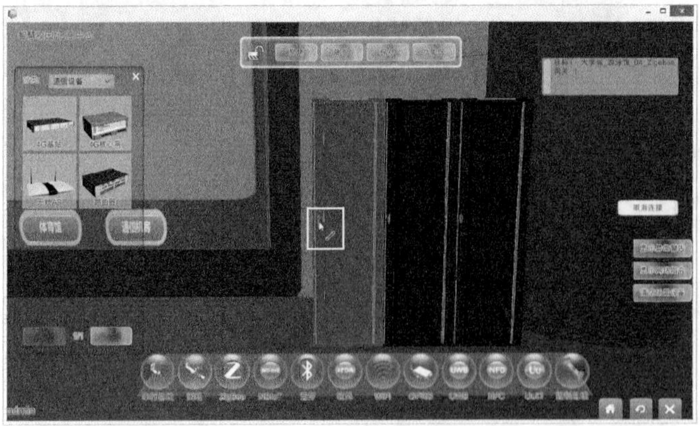

图 1-25　打开机柜

② 在左上方的分类中选择“通信设备”，在图标中找到路由器，将鼠标放置在图标上，单击鼠标左键并摁住不放，将路由器拖拽到机柜中再松开鼠标，路由器即安装成功，如图 1-26 所示。

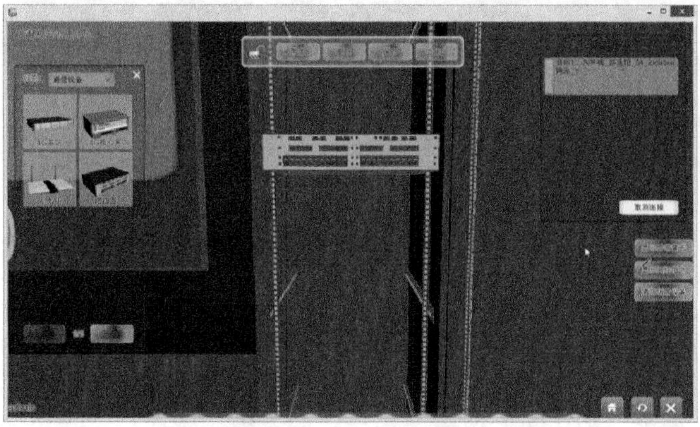

图 1-26　安装路由器

③ 采用同样的方式，首先在分类中选择“服务器”，把鼠标放在服务器图标上，将服务器拖拽到机柜中再松开鼠标。然后在分类中选择“终端设备”，将手机拖拽到机柜中松开，如图 1-27 所示。

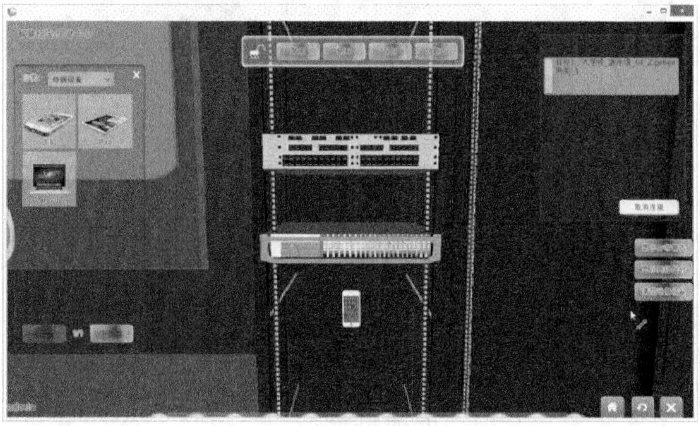

图 1-27　安装服务器及手机

（16）连接网关。

① 将之前连接的网关接线连接到路由器上，双击路由器图标即可，选择网线将云端服务器连接到路由器上，如图 1-28 所示。

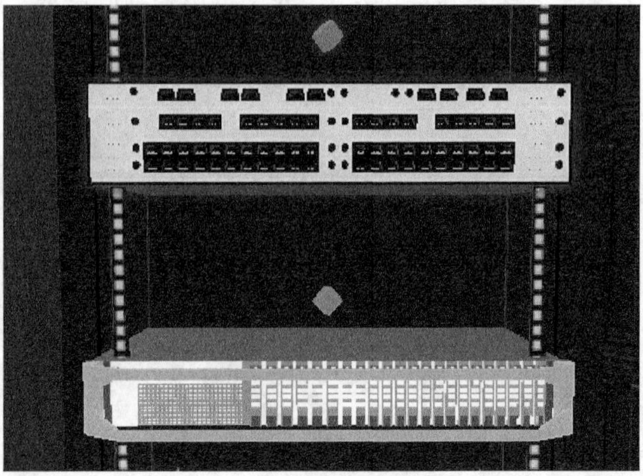

图 1-28　连接网关状态

② 选择 WiFi 线缆，将手机与路由器相连，所有连接完成后，点击“保存”按钮，线缆连接效果如图 1-29 所示。

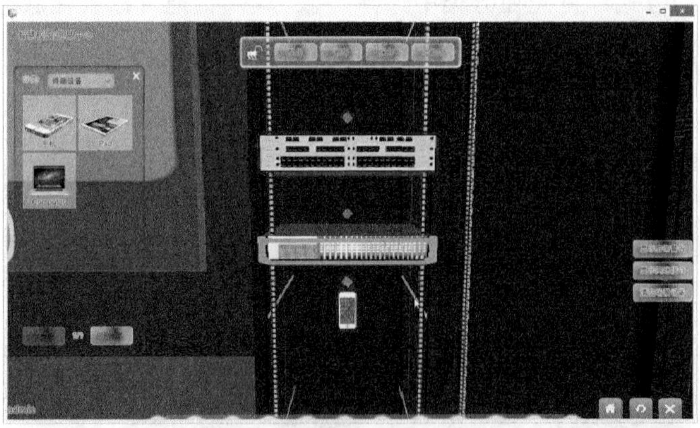

图 1-29　线缆连接效果

（17）查看相关连接。

① 选中设备，鼠标右击设备则会出现设备信息，在设备信息中可查看相关连接，如图 1-30 所示。

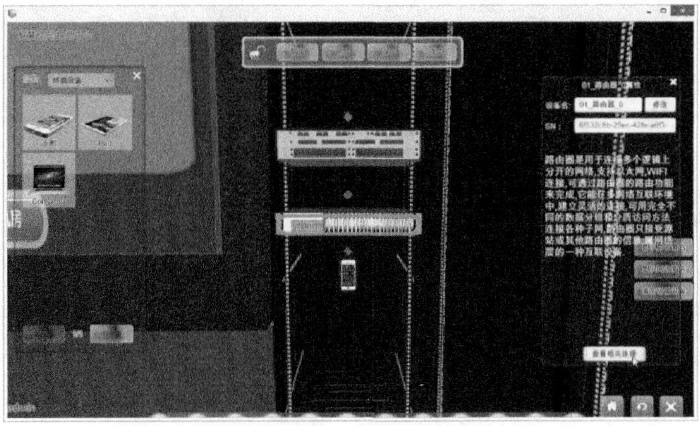

图 1-30　查看线缆连接路径

② 点击“查看相关连接”按钮，如图 1-31 所示，会出现连接路径，点击每条连接即可显示详细的连接路径，若实验过程中，接线连接错误，可以点击“删除所选连接”按钮，就可以将之前的接线删除，然后重新连线。

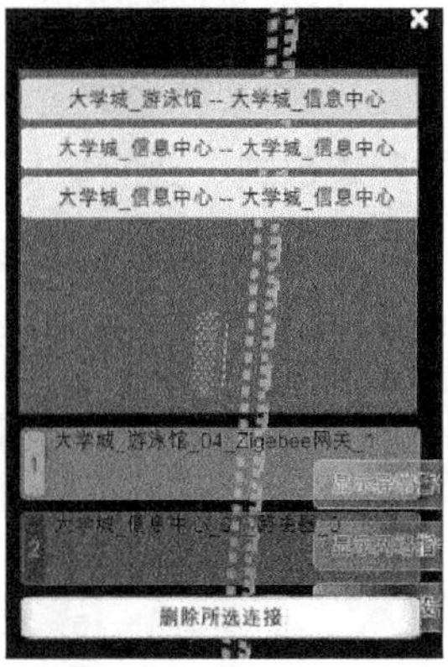

图 1-31　查看线缆连接信息

3. 系统调试步骤

（1）进入系统调试。

在桌面任务栏中双击打开软件主界面，选择系统调试功能模块，如图 1-32 所示。

图 1-32　进入系统调试

（2）集中网管。

在菜单栏中点击“集中网管”图标，即可显示之前安装的设备及接线，拖拽设备，将其重新排列，如图 1-33 所示。

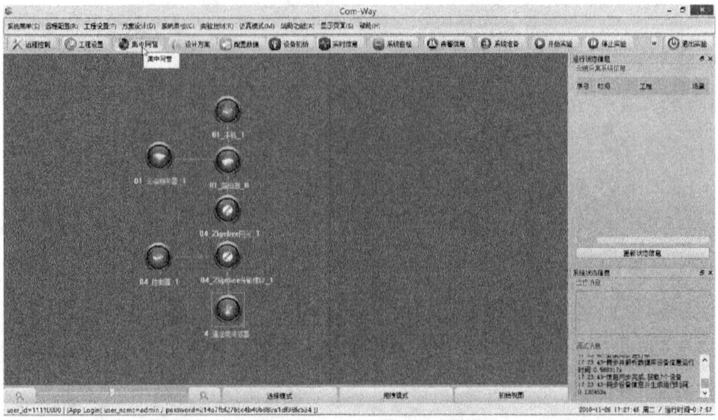

图 1-33　集中网管

（3）数据配置。

鼠标左键单击“温湿度传感器”图标选中设备，再单击鼠标右键选择最上面的“配置数据”进行数据配置。

① 温湿度传感器参数信息配置：总线类型为 UART；总线速率为 240 kbits/s；其他参数默认保存，如图 1-34 所示。

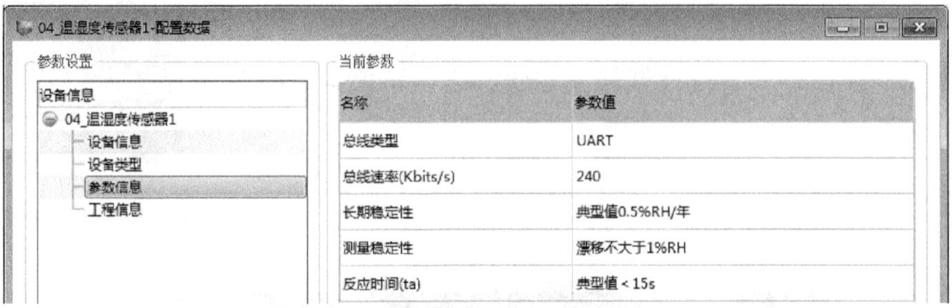

图 1-34　温湿度传感器参数信息配置

② 控制器控制参数配置：总线类型为 UART；总线速率为 240 kbits/s，如图 1-35 所示。

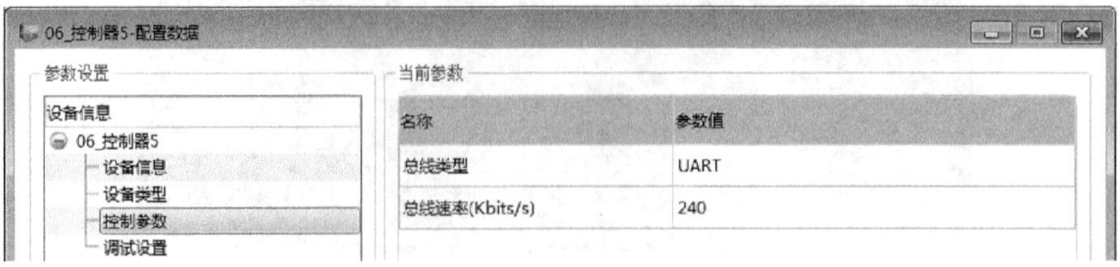

图 1-35　控制器控制参数配置

③ ZigBee 传输模块配置：总线类型为 UART；总线速率为 240 kbits/s；网络拓扑为点对点；节点地址可以是任意 4 组两两组合的 16 进制数，中间用“-”隔开，默认是 A1-B1-C1-D1；网络号为随机；网络密钥为任意阿拉伯数字，此处设置成 101（见图 1-36）。

图 1-36　传输模块配置

④ ZigBee 传输网关 ZigBee 节点集配置（单击鼠标右键创建节点集 0）：SN 码为 ZigBee 模块节点集的 SN 码信息，从模块设备信息中获取；节点地址可以默认保存，如图 1-37 所示。

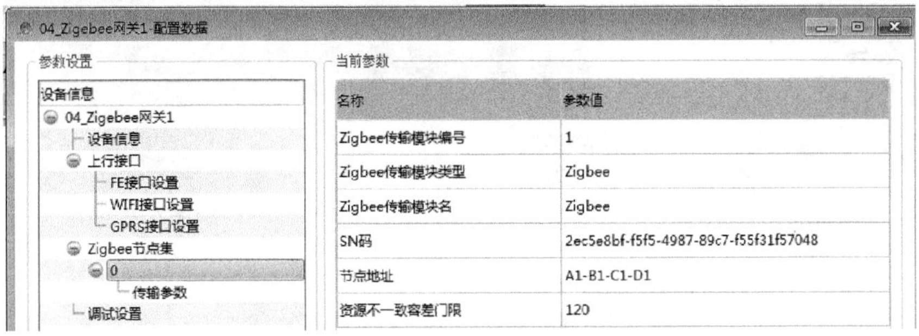

图 1-37　传输网关 ZigBee 节点集配置

⑤ ZigBee 节点集传输参数配置：网络拓扑为点对点；节点类型为网关设备；网络号为随机；加密开关为开，密钥为 101，如图 1-38 和图 1-39 所示。

图 1-38　传输网关 ZigBee 节点集传输参数配置

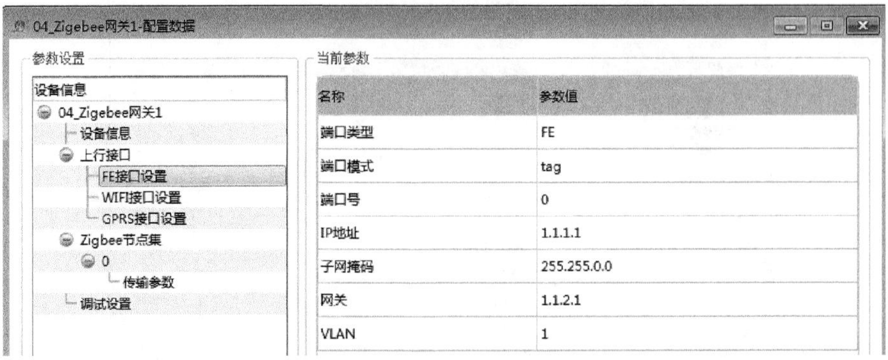

图 1-39　传输网关上行接口 FE 接口配置

⑥ 路由器端口 0 配置（鼠标右击“端口配置”添加编号 0）：SN 码为与之互联的网关设备 SN 码信息；IP 地址设为 1. 1. 2. 1；子网掩码 255. 255. 0. 0（与网关处于同一网段）；VLAN 设置为 1，如图 1-40 所示。

图 1-40　路由器端口 0 配置

⑦ 路由器与云端服务器也通过网口进行连接，所以继续在路由器中添加第二个端口 1（单击鼠标右键添加编号 1）：端口模式为 untag（因为云端服务器不具备 VLAN 功能）；对端设备 SN 码是云端服务器的 SN 码；IP 地址为 1. 1. 2. 2，如图 1-41 所示。

图 1-41　路由器端口 1 配置

⑧ 路由器 WiFi 参数配置：SSID 名称为 comway；网络密钥为 101；其他默认保存，如图 1-42 所示。

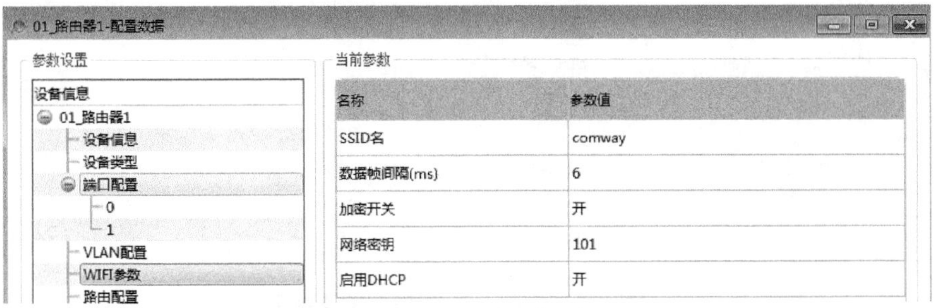

图 1-42　路由器 WiFi 参数配置

⑨ 云端服务器网卡配置：设置 FE0，将 IP 地址设为 1. 1. 1. 2；子网掩码设置为 255. 255. 0. 0；网关设置为 1. 1. 2. 2，配置原则是云端服务器与路由器所连接的端口处于同一网段，如图 1-43 所示。

图 1-43　云端服务器网卡 FE0 配置

⑩ 云端服务器传感器节点配置（单击鼠标右键创建编号 0）：传感器类型选为温湿度传感器；SN 码值从温湿度设备信息中获取复制，如图 1-44 所示。

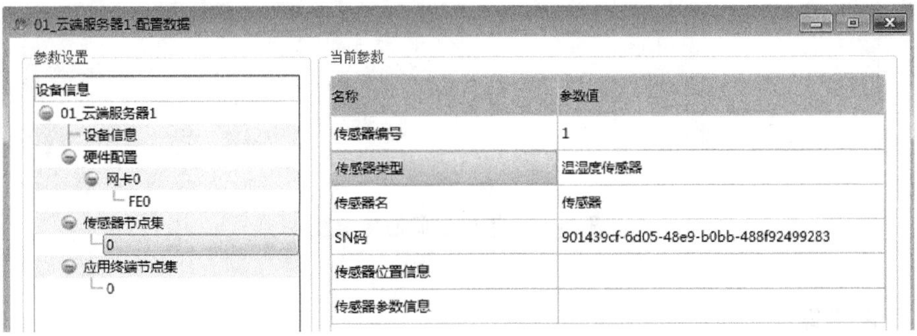

图 1-44　云端服务器传感器节点集配置

⑪ 云端服务器应用终端节点集配置：应用终端类型为手机；SN 码为手机的 SN 码信息；用户名和密码皆为 101，如图 1-45 所示。

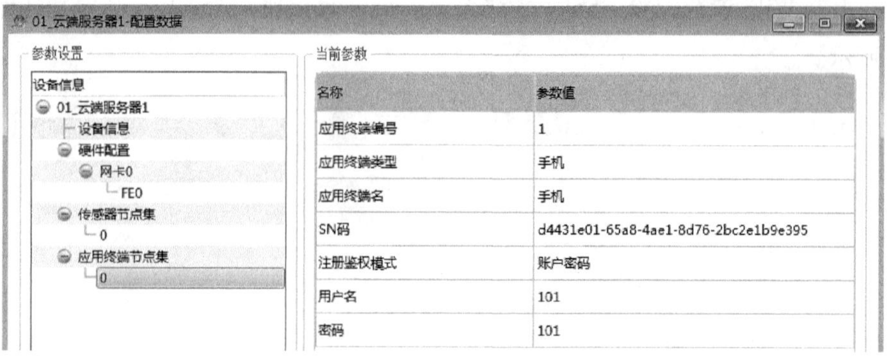

图 1-45　云端服务器应用终端节点集配置

⑫ 手机 WiFi 接口设置：SSID 名为 comway；加密开关为开；网络密钥为 101，如图 1-46 所示。

图 1-46　手机 WiFi 接口设置

⑬ 手机注册信息配置（用于连接云端服务器）：用户名和密码设置为 101（与服务器设备注册的保持一致），如图 1-47 所示。

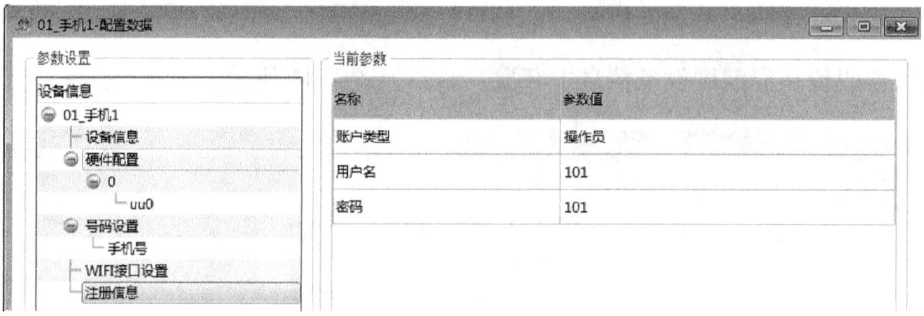

图 1-47　手机注册信息配置

四、实验结果

（1）选中温湿度传感器，鼠标右键选择初始信号选项，加入函数波形，根据图 1-48 所示进行设置，函数波形没有使用限制，只要能够看到变化即可。其中，数据类型为“模拟量”；温度的数据模型选择“三角波分布模型”；湿度的函数模型选择“正弦分布模型”；最大值和最小值的取值取决于仿真场景中的执行机构，如本实验对应的执行机构是空调，最大值取“100”，最小值取“0”。

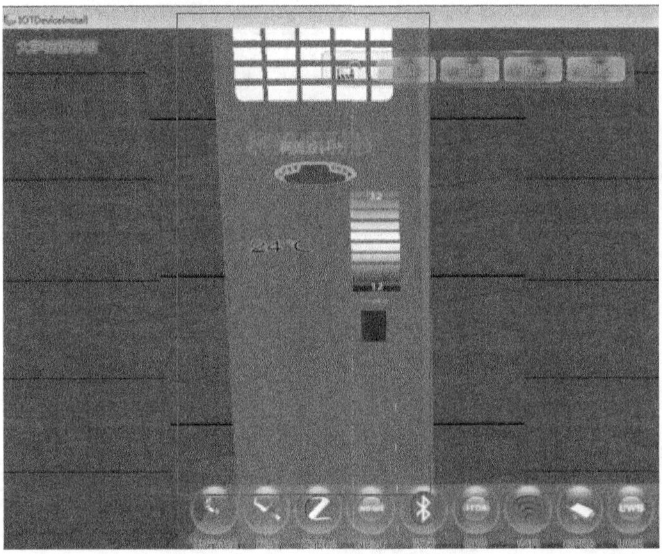

图 1-48　游泳馆空调设置

采样时间的取值不宜过长，一般设置为 120 s；采样频率设置为 5 Hz；确定好函数模型及数值之后，点击“生成数据”，仿真游泳馆中的温度与湿度变化，生成的曲线如图 1-49 所示。

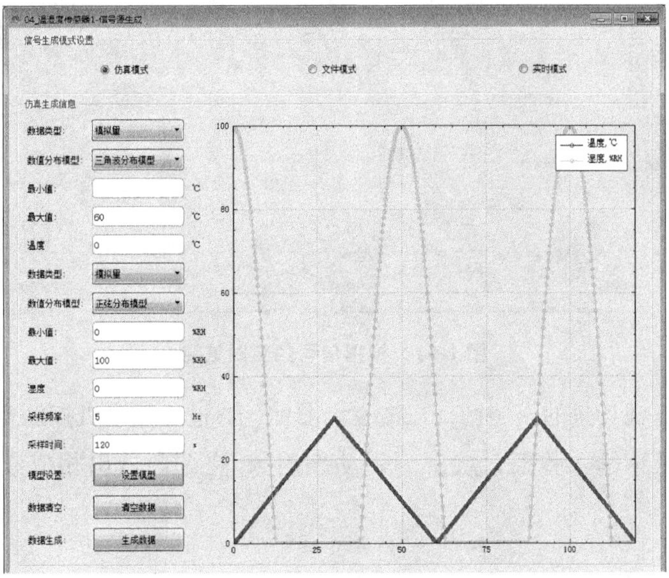

图 1-49　仿真曲线

（2）首先点击“系统自检”按钮，对设备配置信息进行逻辑检验。若有错误，则跳出告警信息，根据告警信息修正参数，直到无任何告警，如图 1-50 所示。然后点击“开始试验”按钮，再单击鼠标左键选中“温湿度传感器设备”，单击鼠标右键选择实时信息，出现温湿度模拟信号的实时信息，如图 1-51 所示。

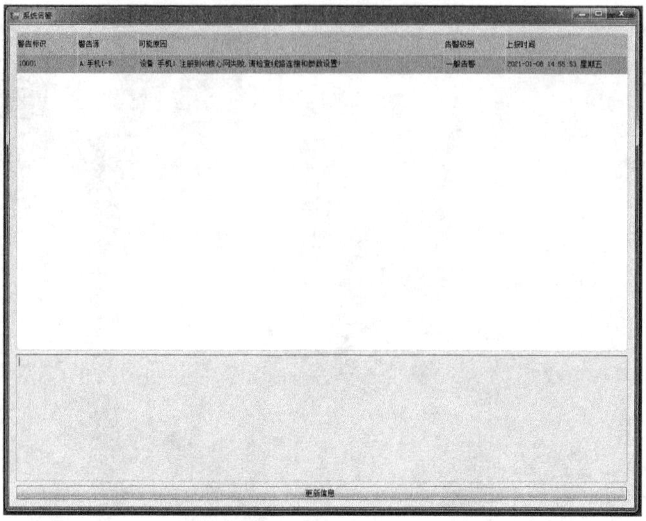

图 1-50　系统告警信息

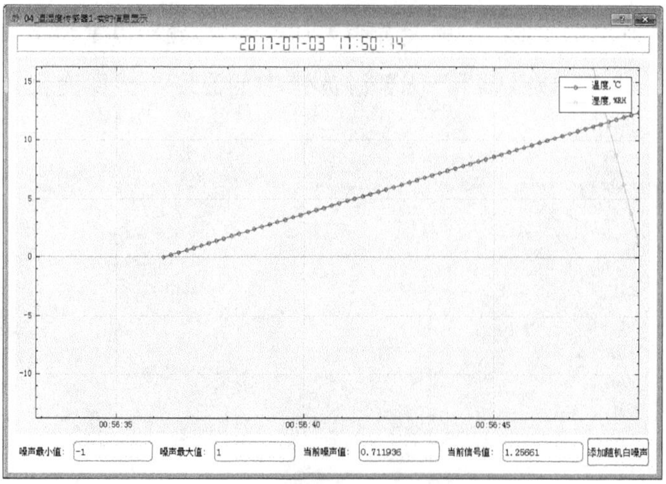

图 1-51　模拟信号的实时信息

（3）回到游泳池场景的安装区，双击空调图标，通过虚拟手机控制空调的参数，在对应的温度和湿度框中输入数值，点击“手动控制”，空调会做出相应数据的变化，如图 1-52 所示。

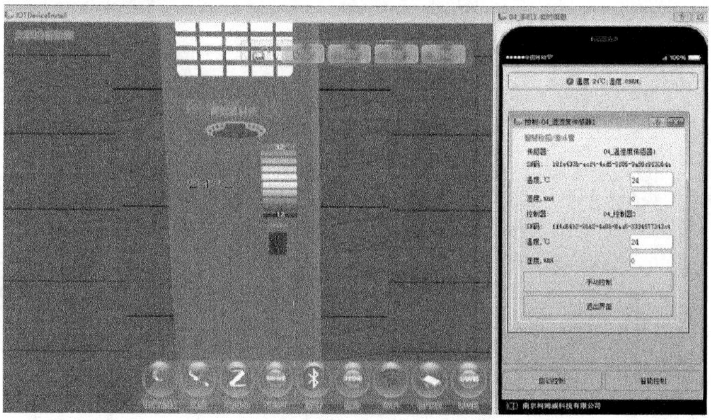

图 1-52　通过虚拟的手机对空调进行控制

五、实验报告要求

（1）利用温湿度传感器和 ZigBee 传输模块，通过近场通信技术实现对空调的智能控制。

（2）记录输入不同温湿度的模拟信号后，空调随着室温变化的改变过程，绘制相关图表。

实验二

气敏传感器

一、实验目的

(1) 掌握气敏传感器的组网方式；

(2) 理解气敏传感器参数的含义；

(3) 了解气敏传感器在场景中的应用；

(4) 掌握工厂中通过气敏传感器实现监控敏感气体的方法。

二、实验仪器

Com-Way 移动互联创新开发仿真系统。

三、实验内容

1. 数据配置

气敏传感器通过串行总线连接蓝牙传输模块；蓝牙传输模块通过串行总线连接控制器，通过蓝牙线缆连接蓝牙网关；控制器通过控制总线连接场景中的警报器；蓝牙网关通过网线与信息中心的路由器相连，同时，路由器通过网线连接云端服务器，通过蓝牙连接手机，如图 2-1 所示。

具体参数配置见表 2-1 至表 2-8。

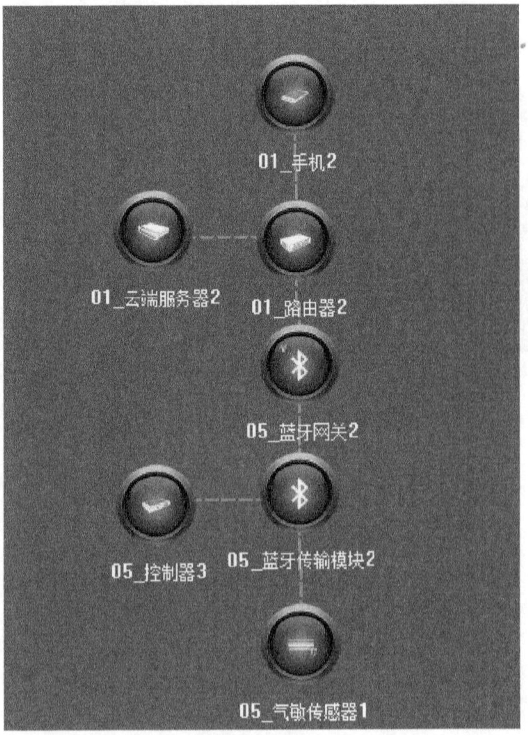

图 2-1 气敏传感器实验原理示意图

表 2-1　气敏传感器参数配置

主要数据	参数名称	参数值
设备信息	SN 码	自动生成
	设备类型	自动生成
参数信息	总线速率/(kbits/s)	1024

表 2-2　控制器控制参数配置

主要数据	参数名称	参数值
参数信息	总线速率/(kbits/s)	1024

表 2-3　蓝牙传输模块与蓝牙网关传输参数配置

蓝牙传输模块（A）			蓝牙网关（B）		
主要数据	参数名称	参数值	主要数据	参数名称	参数值
设备信息	SN 码	自动生成	蓝牙节点集/0	SN 码	与 A 中生成的 SN 码一致
传输参数	节点地址	A1-B1-C1-D1		节点地址	A1-B1-C1-D1
	总线速率/(kbits/s)	1024			
	网络拓扑	点对点	蓝牙节点集/0/传输参数	网络拓扑	点对点
	节点类型	终端设备		节点类型	网关设备
	重启自动加入网络	是		重启自动加入网络	是
	网络密钥	101		网络名	101

表 2-4　蓝牙网关与路由器接口信息参数配置

蓝牙网关（A）			路由器（B）		
主要数据	参数名称	参数值	主要数据	参数名称	参数值
设备信息	SN 码	自动生成	端口配置/0	对端设备 SN 码	与 A 中生成的 SN 码一致
上行接口/FE 接口设置	端口模式	tag		端口模式	tag
	IP 地址	1. 1. 1. 1		IP 地址	1. 1. 2. 1
	子网掩码	255. 255. 0. 0		子网掩码	255. 255. 0. 0
	网关	1. 1. 2. 1			
	VLAN	1		VLAN	1

表 2-5　云端服务器与路由器接口参数配置

云端服务器（A）			路由器（B）		
主要数据	参数名称	参数值	主要数据	参数名称	参数值
设备信息	SN 码	自动生成	端口配置/1	对端设备 SN 码	与 A 中生成的 SN 码一致
				端口模式	untag
硬件配置/网卡 0/FE0	IP 地址	1.1.1.2		IP 地址	1.1.2.2
	子网掩码	255.255.0.0		子网掩码	255.255.0.0
	网关	1.1.2.2			

表 2-6　手机与路由器 WiFi 接口参数配置

手机（A）			路由器（B）		
主要数据	参数名称	参数值	主要数据	参数名称	参数值
WiFi 接口设置	SSID 名	comway	WiFi 参数	SSID 名	comway
	网络密钥	101		网络密钥	101

表 2-7　手机与云端服务器参数配置

手机（A）			云端服务器（B）		
主要数据	参数名称	参数值	主要数据	参数名称	参数值
设备信息	设备类型	手机	应用终端节点集/0	应用端类型	手机
	SN 码	自动生成		SN 码	与 A 中生成的 SN 码一致
注册信息	用户名	101		用户名	101
	密码	101		密码	101

表 2-8　气敏传感器与云端服务器参数配置

气敏传感器（A）			云端服务器（B）		
主要数据	参数名称	参数值	主要数据	参数名称	参数值
设备信息	设备类型	气敏传感器	传感器节点集/0	传感器类型	气敏传感器
	SN 码	自动生成		SN 码	与 A 中生成的 SN 码一致

2. 设备安装步骤

（1）参见实验一中“2. 设备安装步骤”的（1）~（5），在图 2-2 所示的主场景登录界面选择“智能环保”主场景。

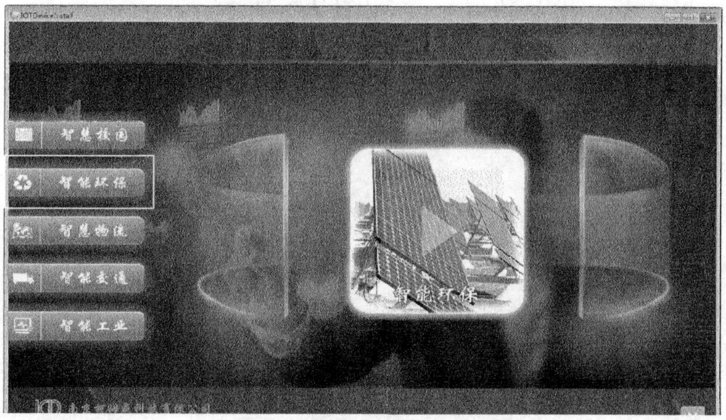

图 2-2　主场景登录界面

（2）进入智能环保主场景，如图 2-3 所示。

图 2-3　智能环保主场景

（3）进入智能环保场景中污水处理厂的小场景，如图 2-4 所示。

图 2-4　智能环保场景中污水处理厂的小场景

（4）找到气敏功能区，并安装设备，如图 2-5 所示。

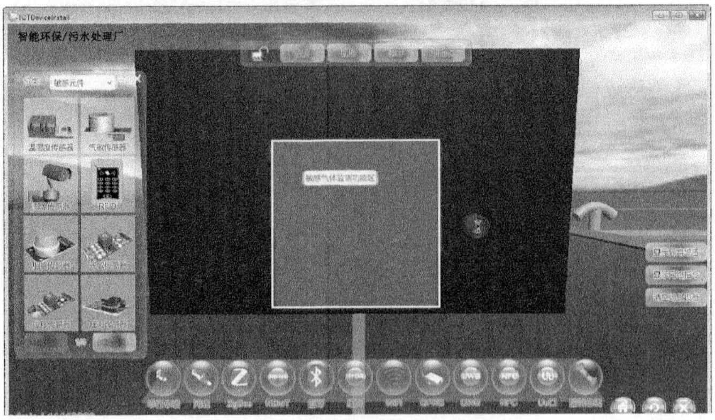

图 2-5　在气敏功能区安装设备

（5）在功能区安装气敏传感器、传输模块、传输网关、控制器，如图 2-6 所示。

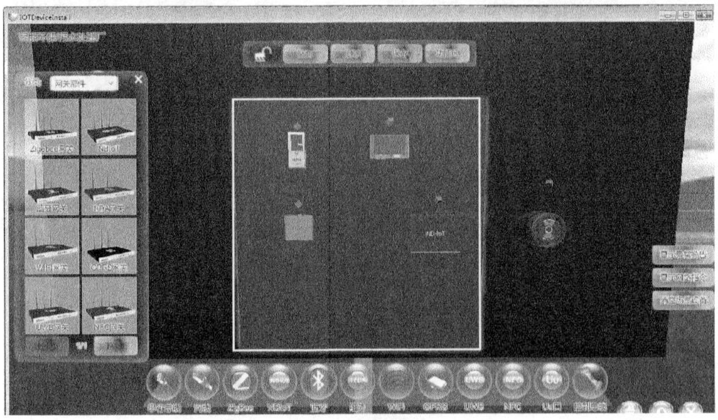

图 2-6　在功能区安装设备

（6）通过图 2-7 所示线缆将设备连接在一起。传感器与传输模块通过串行总线连接，传输模块与控制器通过串行总线连接，控制器与警报器通过控制总线相连，蓝牙传输模块与蓝牙网关间通过蓝牙的连接线连接，蓝牙网关通过网线与信息中心的路由器连接。

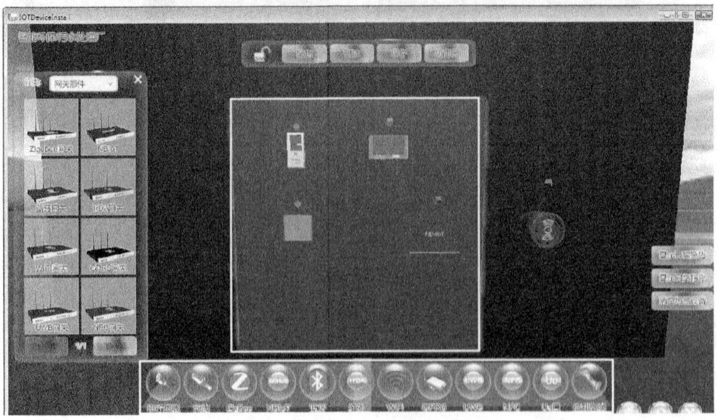

图 2-7　连接设备

（7）在信息中心安装路由器、云端服务器、手机终端，并相互连线，如图 2-8 所示。

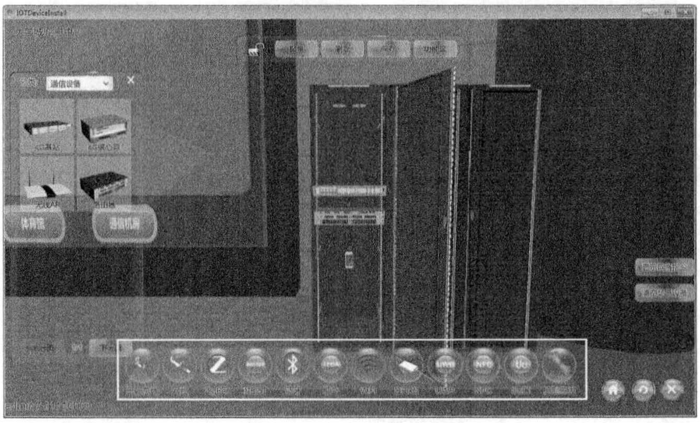

图 2-8　在信息中心安装设备

3. 系统调试步骤

对安装的设备根据规划表进行数据配置。

（1）气敏传感器参数配置：在参数信息选项中，设置总线类型为 UART；总线速率为 1024 kbits/s，如图 2-9 所示。

图 2-9　气敏传感器参数配置

（2）控制器控制参数配置：在控制参数选项中，总线类型为 UART；总线速率为 1024 kbits/s，如图 2-10 所示。

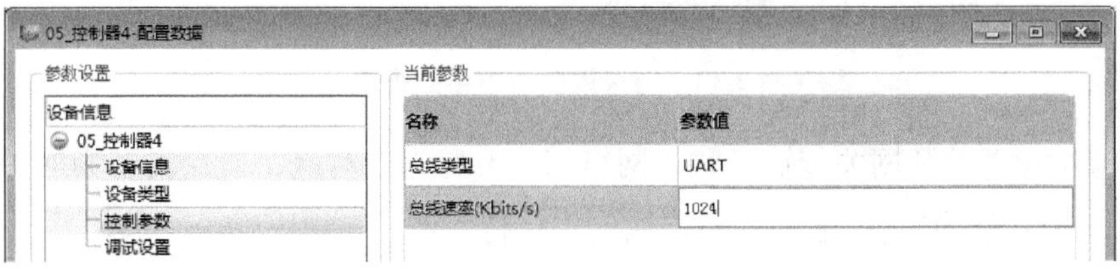

图 2-10　控制器控制参数配置

（3）蓝牙传输模块传输参数配置：在传输参数选项中，设置总线类型为 UART；总线速率为 1024 kbits/s；网络拓扑为点对点；节点类型为终端设备；节点地址为 4 组两两组合的 16 进制数，默认是 A1-B1-C1-D1，可以更改为其他任意本次实验未出现的节点地址或默认保存即可，如图 2-11 所示。

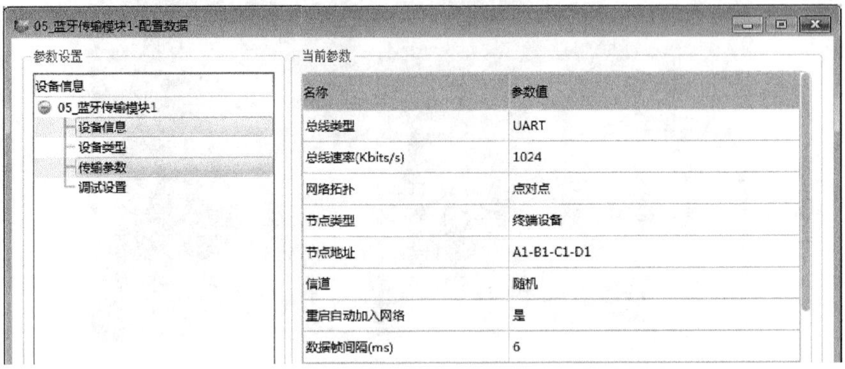

图 2-11　蓝牙传输模块传输参数配置 1

（4）继续设置蓝牙传输模块传输参数：设置加密开关为开；网络密钥为 101，密钥可以是其他任意阿拉伯字符，如图 2-12 所示。

图 2-12　蓝牙传输模块传输参数配置 2

（5）蓝牙网关传输参数配置：设置蓝牙节点集（单击鼠标右键添加一个编号 0），SN 码与节点地址是与之相连的传输模块的 SN 码与节点地址信息，其他参数默认即可，如图 2-13 所示。

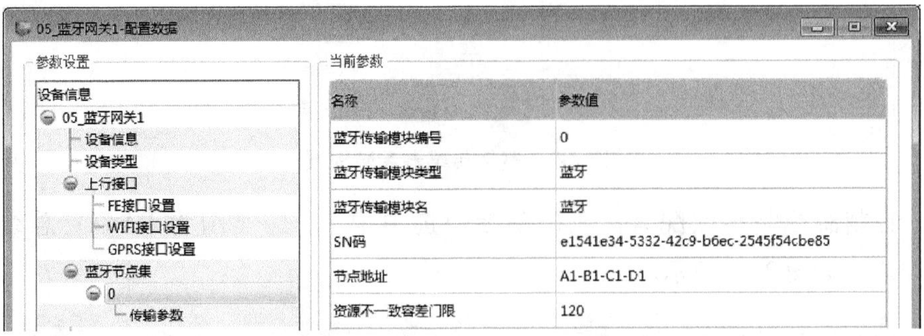

图 2-13　蓝牙网关传输参数配置 1

（6）继续设置蓝牙网关传输参数：网络拓扑设置为点对点；节点类型为网关设备；信道为随机；密钥为 101（传输网关与传输模块保持一致），如图 2-14 所示。

图 2-14　蓝牙网关传输参数配置 2

（7）蓝牙网关上行接口设置：因为使用的网线连接路由器，所以需要配置 FE 接口。设置端口模式为 tag；IP 地址为 1. 1. 1. 1；子网掩码为 255. 255. 0. 0；网关（连接路由器的端口地址）为 1. 1. 2. 1；VLAN 为 1，如图 2-15 所示。

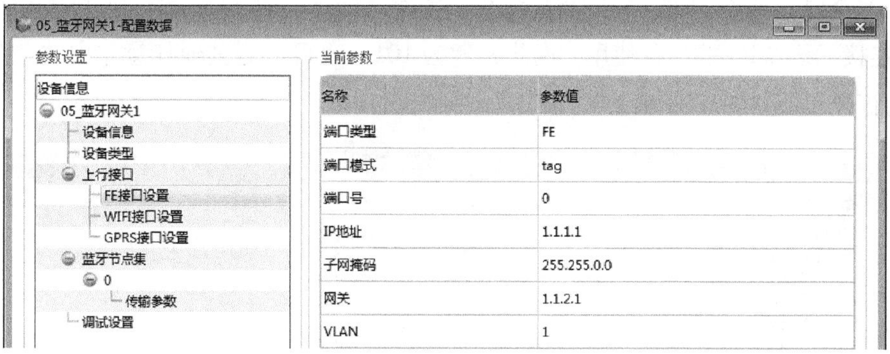

图 2-15　蓝牙网关上行接口设置

（8）路由器端口 0 配置（单击鼠标右键创建编号 0）：设置对端的 SN 码为传输网关的 SN 码信息；端口模式为 tag；IP 地址为 1. 1. 2. 1；子网掩码为 255. 255. 0. 0；VLAN 为 1（全网为统一的 VLAN），如图 2-16 所示。

图 2-16　路由器端口 0 配置

（9）路由器端口 1 配置（单击鼠标右键创建编号 1）：设置对端的 SN 码为云端服务器的 SN 码信息；IP 地址与掩码为 1. 1. 2. 1（16 位掩码）；注意服务器不具备 VLAN 功能，因此在设置路由器端口模式时，应设为 untag 模式，如图 2-17 所示。

图 2-17　路由器端口 1 配置

（10）路由器 WiFi 参数设置：设置 SSID 名为 comway，也可以是其他非中文字符，此设置给连接无线 WiFi 的设备使用；网络密钥为 101，也可以是其他任意非中文字符；DH-CP 功能打开，如图 2-18 所示。

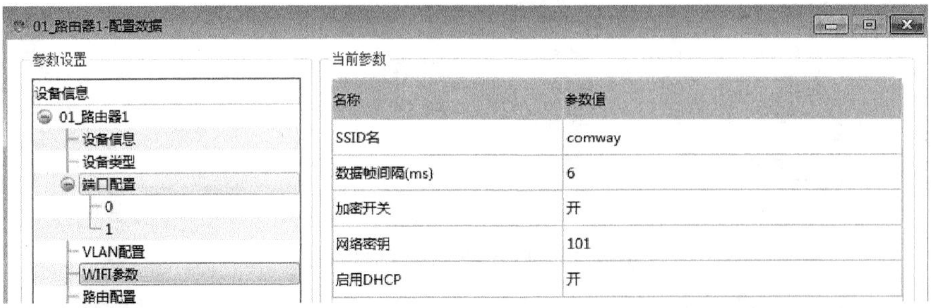

图 2-18　路由器 WiFi 参数配置

（11）云端服务器网卡 FE0 配置：设置 FE0 的 IP 地址为 1. 1. 1. 2；子网掩码为 255. 255. 0. 0；网关为路由器的第二个端口所设地址，如图 2-19 所示。

图 2-19　云端服务器网卡 FE0 配置

（12）云端服务器传感器节点集配置（单击鼠标右键创建编号 0）：传感器类型选为气

敏传感器；SN 码从气敏传感器设备信息中复制，如图 2-20 所示。

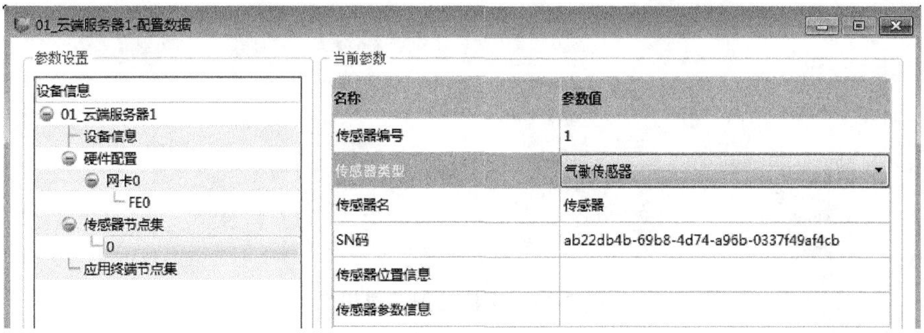

图 2-20　云端服务器传感器节点集配置

（13）云端服务器应用终端节点集配置：应用终端类型为手机；SN 码从手机设备信息中复制；用户名和密码皆为 101，如图 2-21 所示。

图 2-21　云端服务器应用终端节点集配置

（14）手机 WiFi 接口设置：SSID 名为 comway；网络密钥为 101（SSID 名和密钥与路由器所设定的保持一致即可），如图 2-22 所示。

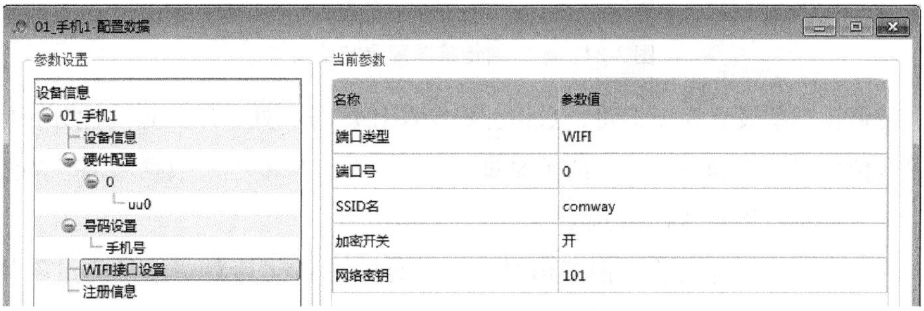

图 2-22　手机 WiFi 接口设置

（15）手机注册信息设置（用于连接云端服务器）：设置用户名和密码为 101（与服务器设备注册的保持一致），如图 2-23 所示。

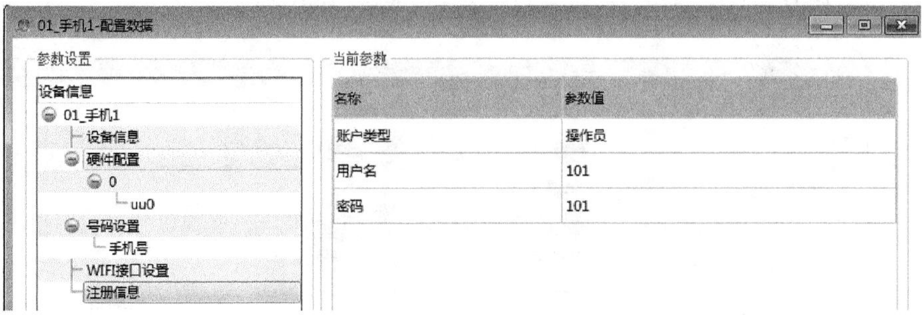

图 2-23　手机注册信息设置

四、实验结果

（1）给气敏传感器加入函数波形，配置初始信号，如图 2-24 所示。

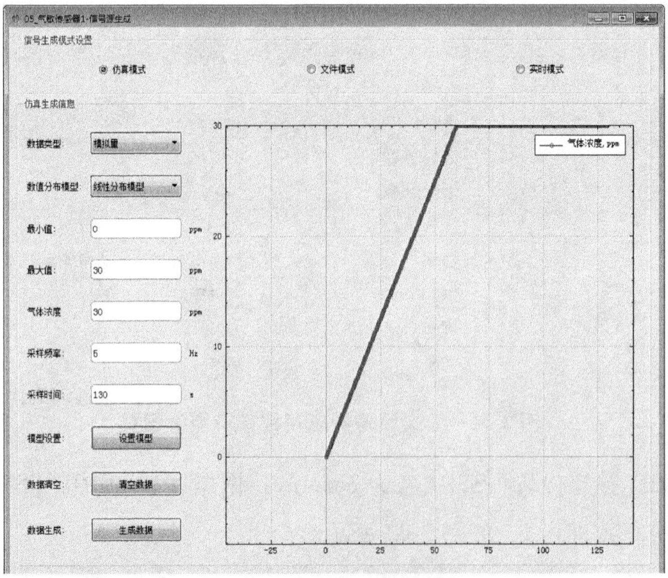

图 2-24　给气敏传感器配置初始信号

（2）将数据类型设置为模拟量；数值分布模型任意（此处选用的是线性分布模型，选用原则符合传感器数据和时间变化的关系即可）；最大值与最小值数据来源于场景中的执行机构（单击鼠标右键获取信息）。

（3）开启设备，进行实验，模拟信号经过抽样量化转化为数字信号的过程如图 2-25 所示。

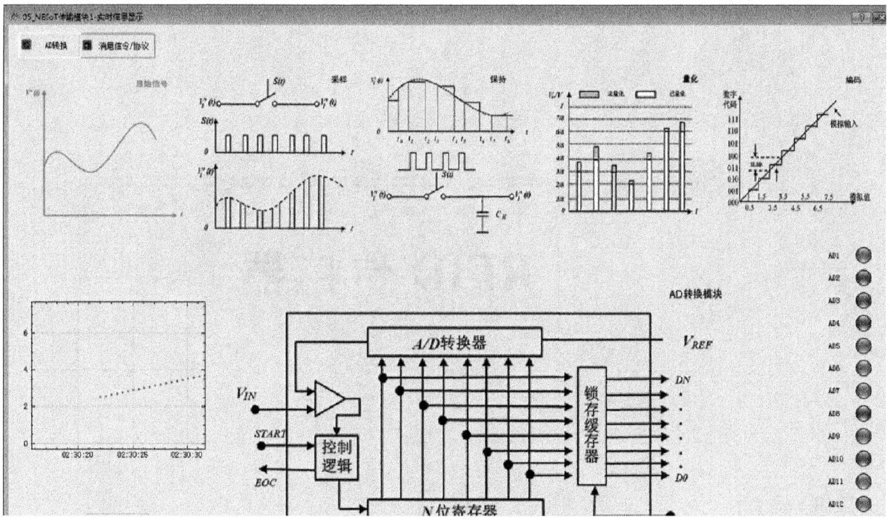

图 2-25　模拟信号转化为数字信号

（4）手机验证：可通过虚拟手机查看其实时信息（单击鼠标右键网管界面的手机图标查看）；网络正常的情况下，手机可以看到传感器的数值变化，可通过输入数值手动控制进行调控，通过虚拟的手机对场景中的环境进行控制，执行设备根据环境的变化切换不同的工作状态，如图 2-26 所示。

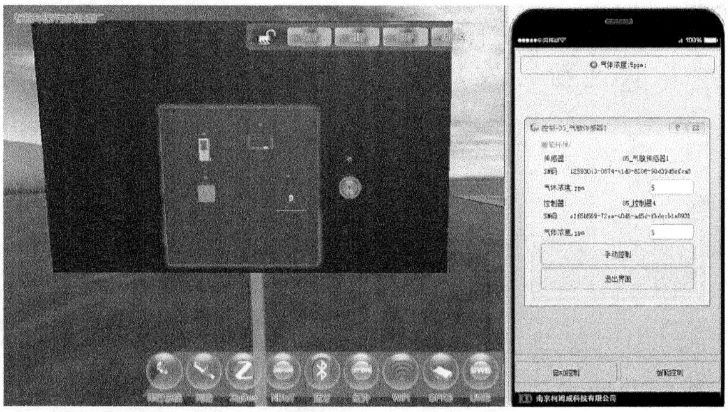

图 2-26　手机验证

五、实验报告要求

（1）利用气敏传感器和蓝牙传输模块，通过近场通信技术实现对工厂中敏感气体的智能控制和报警。

（2）记录输入不同敏感气体的模拟信号输入后，报警器出现的现象并分析原因。

实验三

RFID 传感器

一、实验目的

（1）掌握 RFID 传感器的组网方式；
（2）理解 RFID 传感器的参数含义；
（3）了解 RFID 传感器在场景中的应用；
（4）掌握用 RFID 标签实现对门禁控制的方法。

二、实验仪器

Com-Way 移动互联创新开发仿真系统。

三、实验内容

1. 数据配置

RFID 传感器通过串行总线连接 NFC 传输模块；NFC 传输模块通过串行总线连接控制器，通过 NFC 线缆连接 NFC 网关；控制器通过控制总线连接场景中的门禁电机；NFC 网关通过网线与信息中心的路由器相连，同时，路由器通过网线连接云端服务器，通过 WiFi 连接手机，如图 3-1 所示。

具体参数配置见表 3-1 至表 3-8。

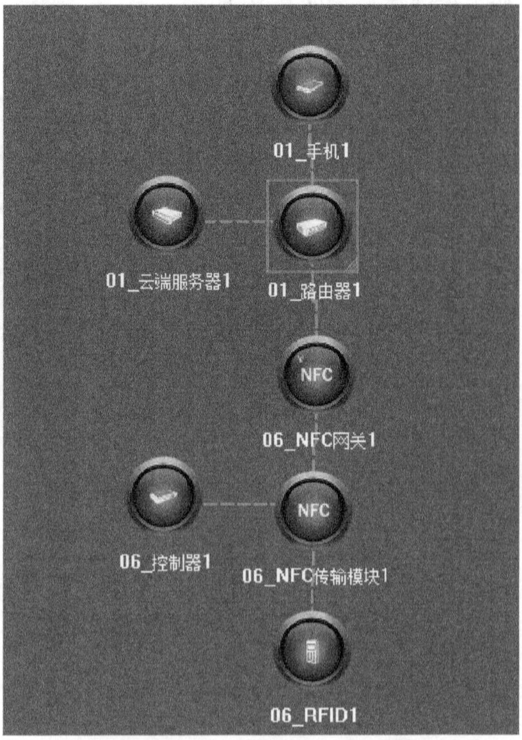

图 3-1　RFID 传感器实验原理示意图

表 3-1 RFID 传感器参数配置

主要数据	参数名称	参数值
设备信息	SN 码	自动生成
	设备类型	自动生成
参数信息	总线速率/(kbits/s)	1024

表 3-2 控制器控制参数配置

主要数据	参数名称	参数值
控制参数	总线速率/(kbits/s)	1024

表 3-3 NFC 传输模块与 NFC 网关参数配置

NFC 传输模块（A）			NFC 网关（B）		
主要数据	参数名称	参数值	主要数据	参数名称	参数值
设备信息	SN 码	自动生成	NFC 节点集/0	SN 码	与 A 中生成的 SN 码一致
传输参数	节点地址	A1-B1-C1-D1		节点地址	A1-B1-C1-D1
	重启自动加入网络	是		重启自动加入网络	是
	总线速率/(kbits/s)	1024			
	网络拓扑	点对点	传输参数	网络拓扑	点对点
	节点类型	终端设备		节点类型	网关设备

表 3-4 NFC 网关与路由器参数配置

NFC 网关（A）			路由器（B）		
主要数据	参数名称	参数值	主要数据	参数名称	参数值
设备信息	SN 码	自动生成	端口配置/0	对端设备 SN 码	与 A 中生成的 SN 码一致
上行接口/FE 接口设置	IP 地址	1.1.1.1		IP 地址	1.1.2.1
	子网掩码	255.255.0.0		子网掩码	255.255.0.0
	网关	1.1.2.1			
	VLAN	1		VLAN	1
	端口模式	tag		端口模式	tag

表 3-5　云端服务器与路由器参数配置

云端服务器（A）			路由器（B）		
主要数据	参数名称	参数值	主要数据	参数名称	参数值
设备信息	SN 码	自动生成	端口配置/1	对端设备 SN 码	与 A 中生成的 SN 码一致
硬件配置/网卡 0/FE0	IP 地址	1.1.1.2		IP 地址	1.1.2.2
	子网掩码	255.255.0.0		子网掩码	255.255.0.0
	网关	1.1.2.2		端口模式	untag

表 3-6　手机与路由器参数配置

手机（A）			路由器（B）		
主要数据	参数名称	参数值	主要数据	参数名称	参数值
WiFi 接口设置	SSID 名	comway	WiFi 参数	SSID 名	comway
	网络密钥	101		网络密钥	101

表 3-7　手机与云端服务器参数配置

手机（A）			云端服务器（B）		
主要数据	参数名称	参数值	主要数据	参数名称	参数值
设备信息	设备类型	手机	应用终端节点集/0	应用端类型	手机
	SN 码	自动生成		SN 码	与 A 中生成的 SN 码一致
注册信息	用户名	101		用户名	101
	密码	101		密码	101

表 3-8　RFID 传感器与云端服务器参数配置

RFID 传感器（A）			云端服务器（B）		
主要数据	参数名称	参数值	主要数据	参数名称	参数值
设备信息	设备类型	RFID 传感器	传感器节点集/0	传感器类型	RFID 传感器
	SN 码	自动生成		SN 码	与 A 中生成的 SN 码一致

2. 设备安装步骤

（1）参见实验一中“2. 设备安装步骤”的（1）~（5），在图 3-2 所示的主场景登录界面选择“智慧校园”主场景。

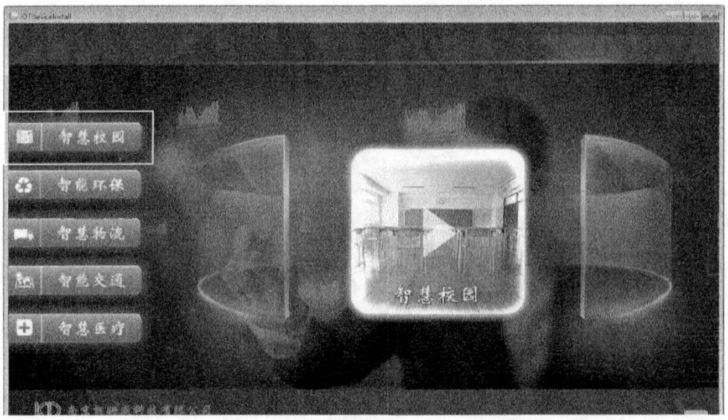

图 3-2 主场景登录界面

（2）进入智慧校园主场景，如图 3-3 所示。

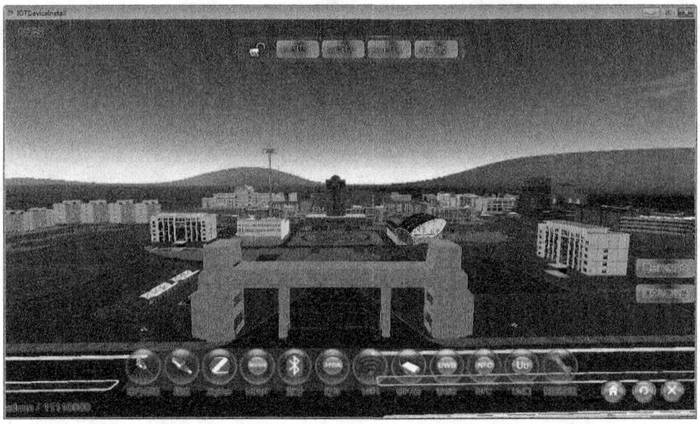

图 3-3 智慧校园主场景

（3）进入智慧校园中的教室小场景，如图 3-4 所示。

图 3-4 智慧校园中的教室小场景

（4）找到门禁考勤功能区，如图 3-5 所示。

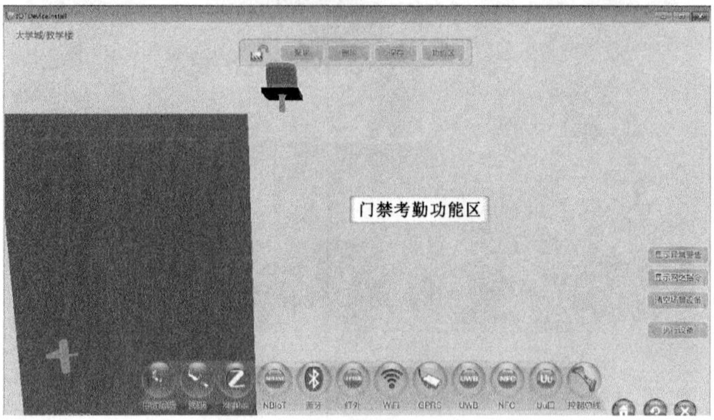

图 3-5　门禁考勤功能区

（5）在门禁考勤功能区安装 RFID 传感器、传输模块、传输网关、控制器，如图 3-6 所示。

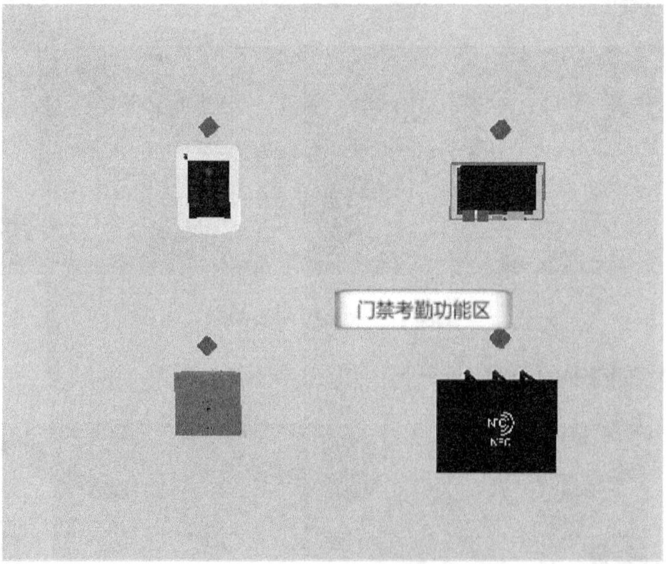

图 3-6　在门禁考勤功能区安装设备

（6）通过线缆将设备连接在一起。传感器与传输模块通过串行总线连接，传输模块与控制器通过串行总线连接，控制器与门禁电机通过控制总线连接，NFC 传输模块与 NFC 网关通过 NFC 的连接线连接，NFC 网关通过网线与信息中心的路由器相连，如图 3-7 所示。

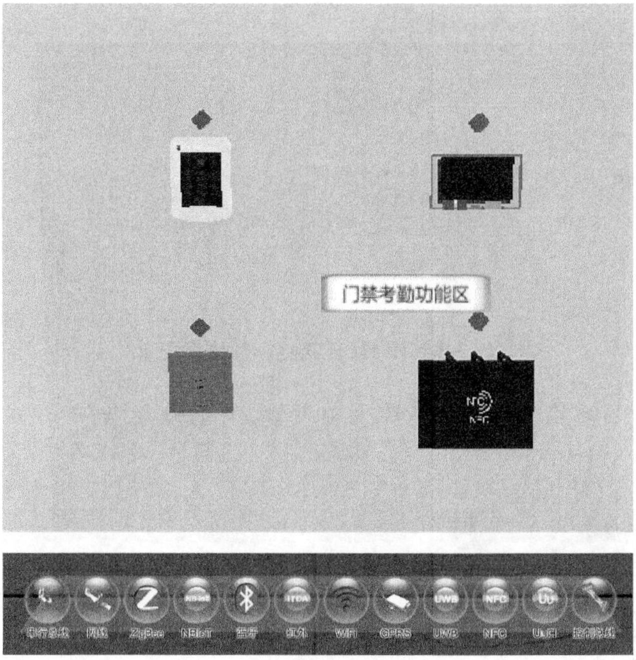

图 3-7　连接设备

（7）在信息中心中安装路由器、云端服务器、手机终端，并相互连线，如图 3-8 所示。

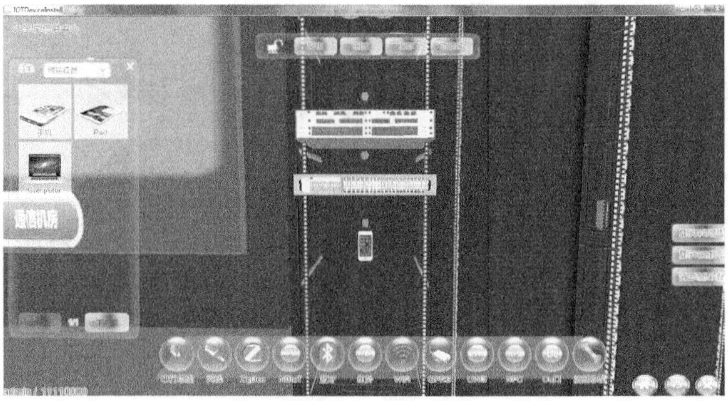

图 3-8　在信息中心中安装设备

3. 系统调试步骤

对安装的设备进行数据配置，步骤如下：

（1）RFID 传感器参数信息配置：总线类型为 UART；总线速率为 1024 kbits/s，如图 3-9 所示。

图 3-9 RFID 传感器参数信息配置

（2）控制器控制参数配置：总线类型为 UART；总线速率为 1024 kbits/s，如图 3-10 所示。

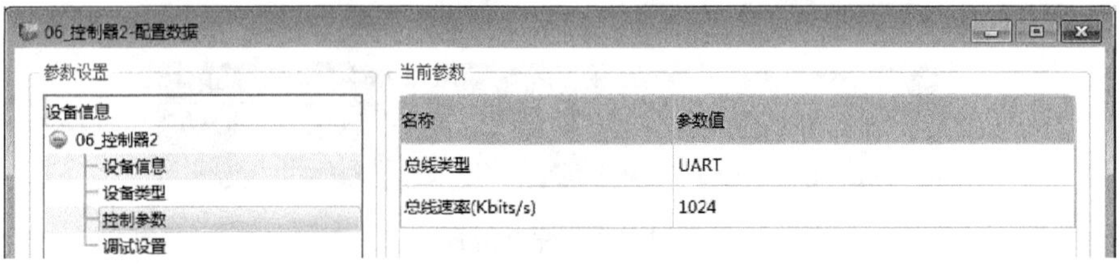

图 3-10 控制器控制参数的配置

（3）NFC 传输模块传输参数配置：总线类型为 UART；总线速率为 1024 kbits/s，如图 3-11 所示。

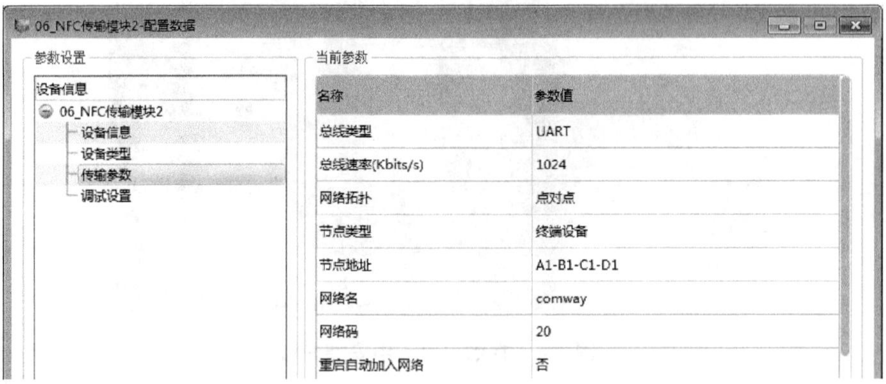

图 3-11 传输模块传输参数配置

（4）NFC 网关传输参数配置：网络拓扑为点对点；节点类型为网关设备；网络名为 comway；网络码为 20，如图 3-12 所示。

图 3-12　NFC 网关传输参数配置

（5）NFC 网关 NFC 节点集 0 数据配置（鼠标右键单击 NFC 节点集添加编号 0）：SN 码为与之互联的 NFC 传输模块的 SN 码信息，如图 3-13 所示。

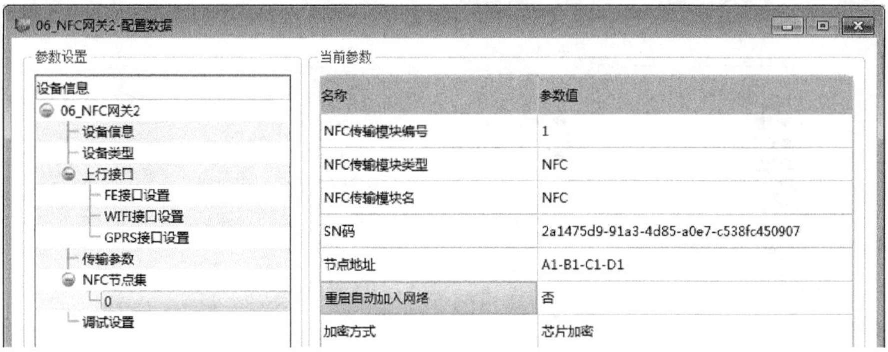

图 3-13　NFC 网关 NFC 节点集 0 配置

（6）NFC 网关 FE 接口设置：端口模式为 tag；IP 地址为 1. 1. 1. 1；子网掩码为 255. 255. 0. 0；网关为 1. 1. 2. 1；VLAN 为 1，如图 3-14 所示。

图 3-14　NFC 网关 FE 接口设置

（7）路由器端口 0 配置：端口模式为 tag；对端设备 SN 码为 NFC 网关的 SN 码信息；

IP 地址为 1. 1. 2. 1；子网掩码为 255. 255. 0. 0；VLAN 为 1，如图 3-15 所示。

图 3-15　路由器端口 0 配置

（8）路由器端口 1 配置：端口模式为 untag；对端设备 SN 码为云端服务器的 SN 码信息；IP 地址为 1. 1. 2. 2；子网掩码为 255. 255. 0. 0；VLAN 为 1，如图 3-16 所示。

图 3-16　路由器端口 1 配置

（9）路由器 WiFi 参数配置：SSID 名为 comway；网络密钥为 101，如图 3-17 所示。

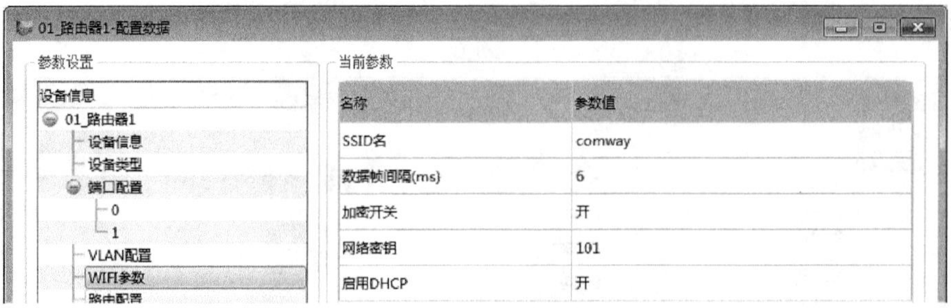

图 3-17　路由器 WiFi 参数配置

（10）云端服务器 FE0 配置：IP 地址为 1. 1. 1. 2；子网掩码为 255. 255. 0. 0；网关为 1. 1. 2. 2，如图 3-18 所示。

图 3-18 云端服务器 FE0 配置

（11）云端服务器传感器节点集 0 配置：传感器类型为 RFID；SN 码为 RFID 的 SN 码信息，如图 3-19 所示。

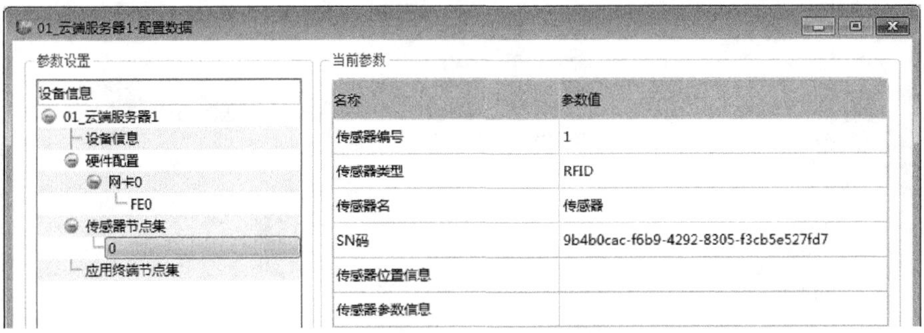

图 3-19 云端服务器传感器节点集 0 配置

（12）云端服务器应用终端节点集配置：应用终端类型为手机；SN 码为手机的 SN 码信息，如图 3-20 所示。

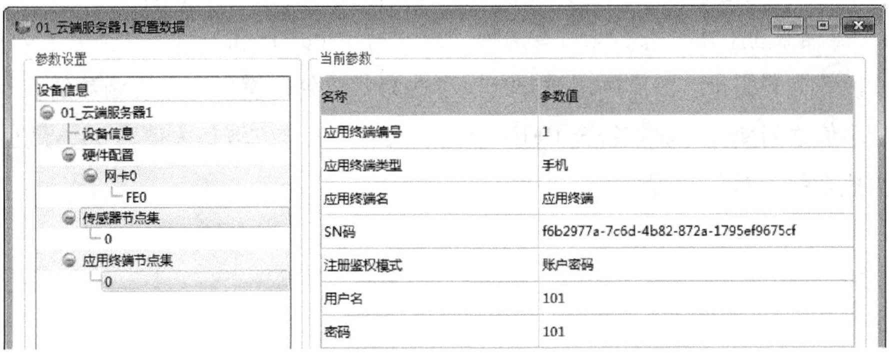

图 3-20 云端服务器应用终端节点集配置

（13）手机 WiFi 接口设置：SSID 名为 comway；网络密钥为 101（与路由器的 WiFi 信息保持一致），如图 3-21 所示。

图 3-21　手机 WiFi 接口设置

（14）手机注册信息配置：用户名为 101；密码为 101（与云端服务器保持一致），如图 3-22 所示。

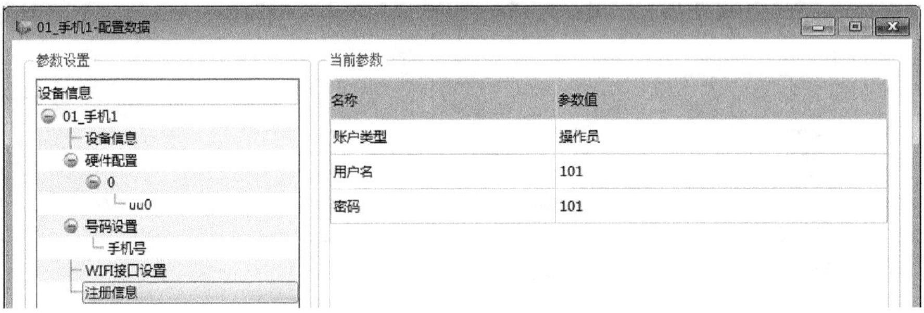

图 3-22　手机注册信息配置

四、实验结果

（1）给 RFID 传感器配置初始信号，加入函数波形，如图 3-23 所示。

RFID 传感器的工作状态实际只有两种，即“有”（开）和“无”（关）。因此，此处数据类型设置为开关量；对应的函数分布模型选为方波分布模型，方波函数的特点是在最大值和最小值之间变化，比较符合 RFID 的工作状态；设置方波最大值为 30，最小值为 0，点击“生成数据”按钮即可。

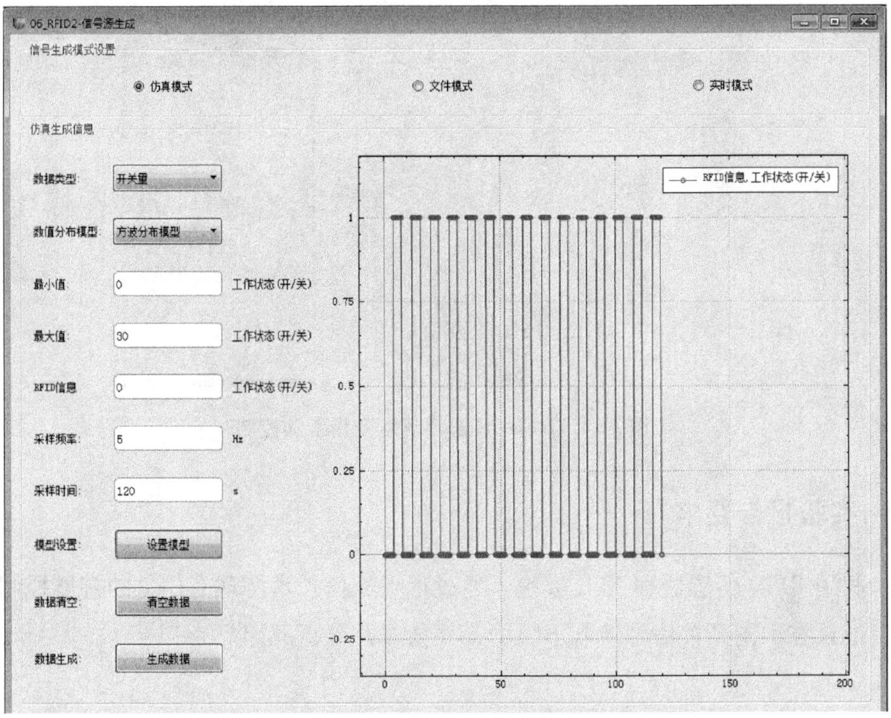

图 3-23　给 RFID 传感器配置初始信号

（2）开启设备，进行实验。模拟信号经过抽样量化转化为数字信号的实时信息显示如图 3-24 所示。

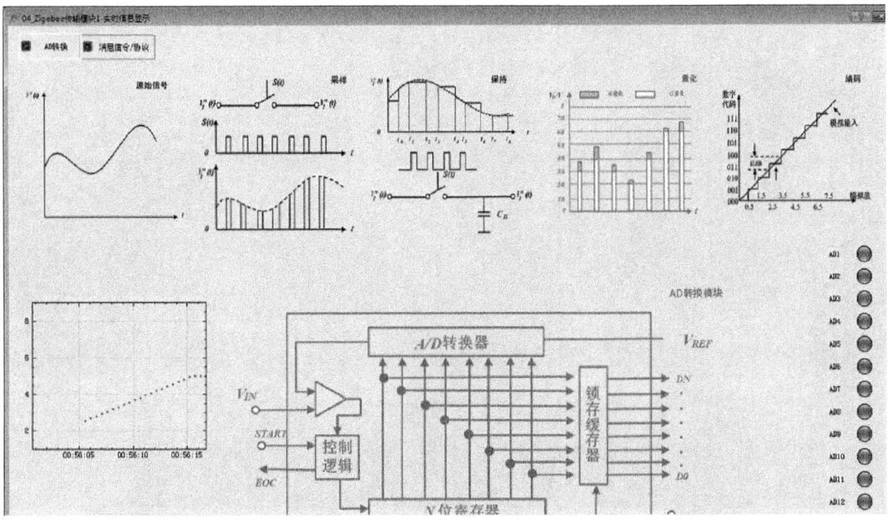

图 3-24　模拟信号经过抽样量化转化为数字信号的实时信息显示

（3）手机验证：可通过在虚拟场景中的手机中输入数值对 RFID 传感器环境变量进行手动控制，执行机构会做出相应的执行动作，如图 3-25 所示。

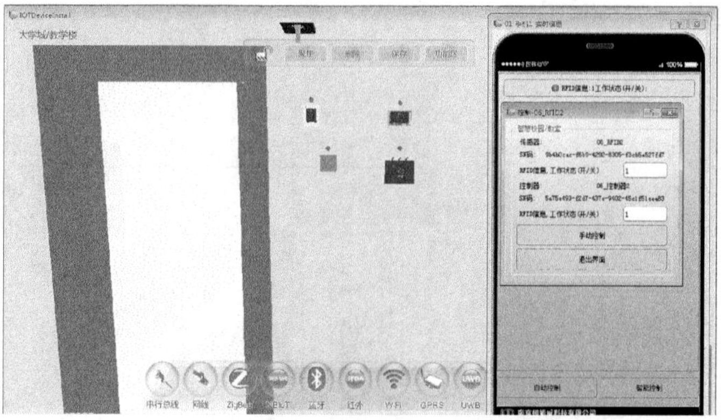

图 3-25 **RFID 传感器环境变量手动控制**

五、实验报告要求

（1）利用 RFID 传感器和 NFC 模块，通过近场通信技术实现对门禁的智能控制。

（2）记录在不同开关信号输入下门的开关情况并分析原因。

实验四 图像传感器

一、实验目的

（1）掌握图像传感器的组网方式；

（2）理解图像传感器的参数含义；

（3）了解图像传感器在场景中的应用；

（4）掌握用图像传感器实现实时监控的工作过程。

二、实验仪器

Com-Way 移动互联创新开发仿真系统。

三、实验内容

1. 数据配置

图像传感器通过串行总线连接 WiFi 传输模块；WiFi 传输模块通过串行总线连接控制器，通过 WiFi 线缆连接 WiFi 网关；控制器通过控制总线连接场景中的云台；WiFi 网关通过 WiFi 与信息中心的路由器相连；路由器通过网线连接云端服务器，通过 WiFi 连接手机，如图 4-1 所示。

具体的参数配置见表 4-1 至表 4-8。

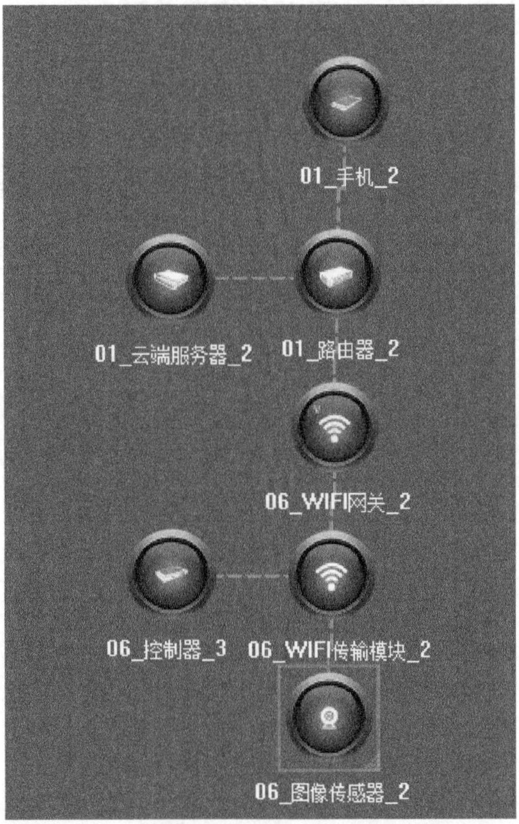

图 4-1　图像传感器实验原理示意图

表 4-1 图像传感器参数配置

主要数据	参数名称	参数值
设备信息	SN 码	自动生成
	设备类型	自动生成
参数信息	总线速率/(kbits/s)	1024

表 4-2 控制器控制参数配置规划

主要数据	参数名称	参数值
控制参数	总线速率/(kbits/s)	1024

表 4-3 WiFi 传输模块与网关参数配置

WiFi 传输模块（A）			WiFi 网关（B）		
主要数据	参数名称	参数值	主要数据	参数名称	参数值
设备信息	SN 码	自动生成	WiFi 节点集/0	SN 码	与 A 中生成的 SN 码一致
传输参数	MAC 地址	A1-B1-C1-D1		MAC 地址	A1-B1-C1-D1
	总线速率/(kbits/s)	1024			
	网络拓扑	点对点	传输参数	网络拓扑	点对点
	节点类型	终端类型		节点类型	网关设备
	网络密钥	101		网络密钥	101

表 4-4 WiFi 网关与路由器参数配置

WiFi 网关（A）			路由器（B）		
主要数据	参数名称	参数值	主要数据	参数名称	参数值
设备信息	SN 码	自动生成	端口配置/0	对端设备 SN 码	与 A 中生成的 SN 码一致
上行接口/FE 接口设置	IP 地址	1.1.1.1		IP 地址	1.1.2.1
	子网掩码	255.255.0.0		子网掩码	255.255.0.0
	网关	1.1.2.1			
	VLAN	1		VLAN	1

表 4-5　云端服务器与路由器接口参数配置

云端服务器（A）			路由器（B）		
主要数据	参数名称	参数值	主要数据	参数名称	参数值
设备信息	SN 码	自动生成	端口配置/1	对端设备 SN 码	与 A 中生成的 SN 码一致
				端口模式	untag
硬件配置/网卡 0/FE0	IP 地址	1. 1. 1. 2		IP 地址	1. 1. 2. 2
	子网掩码	255. 255. 0. 0		子网掩码	255. 255. 0. 0
	网关	1. 1. 2. 2			

表 4-6　手机与路由器 WiFi 参数配置

手机（A）			路由器（B）		
主要数据	参数名称	参数值	主要数据	参数名称	参数值
WiFi 接口设置	SSID 名	comway	WiFi 参数	SSID 名	comway
	网络密钥	101		网络密钥	101

表 4-7　手机与云端服务器参数配置

手机（A）			云端服务器（B）		
主要数据	参数名称	参数值	主要数据	参数名称	参数值
设备信息	设备类型	手机	应用终端节点集/0	应用端类型	手机
	SN 码	自动生成		SN 码	与 A 中生成的 SN 码一致
注册信息	用户名	101		用户名	101
	密码	101		密码	101

表 4-8　图像传感器与云端服务器参数配置

图像传感器（A）			云端服务器（B）		
主要数据	参数名称	参数值	主要数据	参数名称	参数值
设备信息	设备类型	图像传感器	传感器节点集/0	传感器类型	图像传感器
	SN 码	自动生成		SN 码	与 A 中生成的 SN 码一致

2. 设备安装步骤

（1）参见实验一中“2. 设备安装步骤”的（1）~（5），在图 4-2 所示的主场景登录界面选择“智慧校园”主场景。

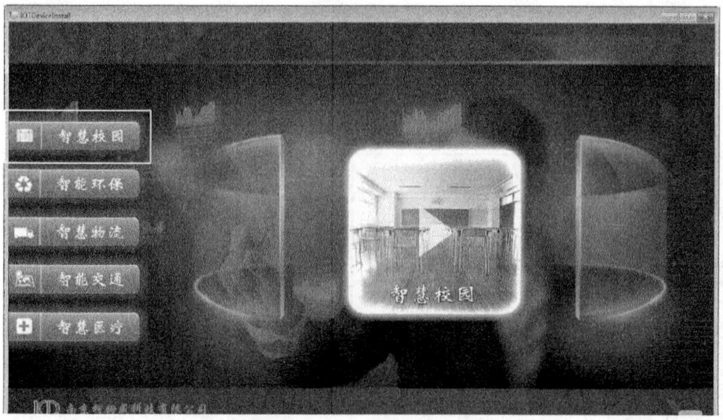

图 4-2　主场景登录界面

（2）进入智慧校园主场景，如图 4-3 所示。

图 4-3　智慧校园主场景

（3）进入智慧校园中的教室小场景，如图 4-4 所示。

图 4-4　智慧校园中的教室小场景

（4）找到监控功能区进行设备安装，如图 4-5 所示。

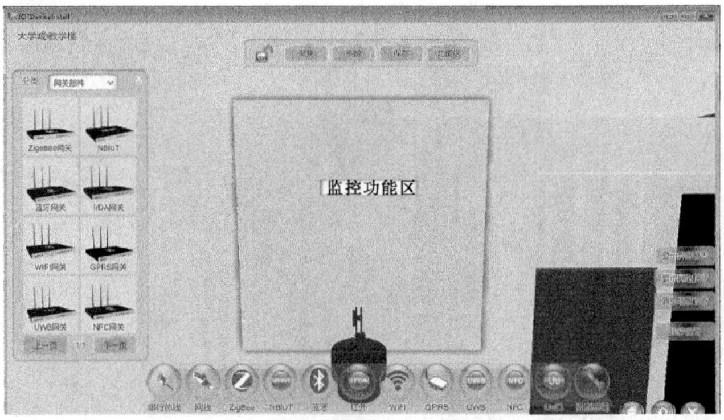

图 4-5　在监控功能区进行设备安装

（5）在功能区上安装图像传感器、传输模块、传输网关、控制器，如图 4-6 所示。

图 4-6　在功能区上安装设备

（6）通过图 4-7 所示线缆将设备连接在一起。传感器与传输模块通过串行总线连接，传输模块与控制器通过串行总线连接，控制器与云台通过控制总线连接，WiFi 传输模块与 WiFi 网关通过 WiFi 连接，WiFi 网关通过 WiFi 与信息中心的路由器相连。

图 4-7　连接设备

（7）在信息中心中安装路由器、云端服务器、手机终端，并相互连线，如图 4-8 所示。

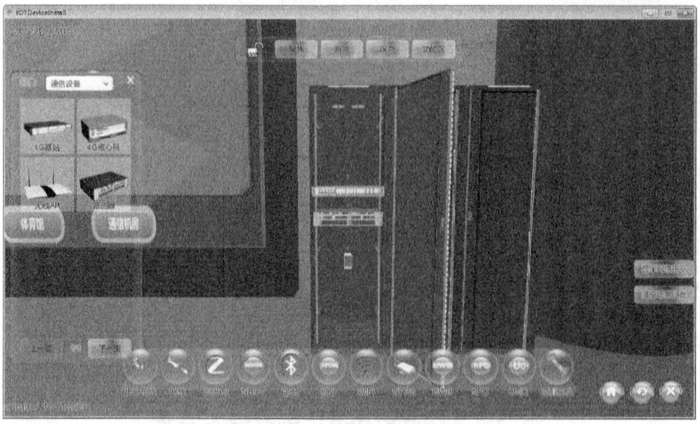

图 4-8　在信息中心中安装设备并相互连线

3. 系统调试步骤

给安装的设备进行数据配置，具体步骤如下：

（1）图像传感器参数信息配置：设置总线类型为 UART；总线速率为 1024 kbits/s；其他参数默认保存，如图 4-9 所示。

图 4-9　图像传感器参数信息配置

（2）控制器控制参数配置：设置总线类型为 UART；总线速率为 1024 kbits/s，如图 4-10 所示。

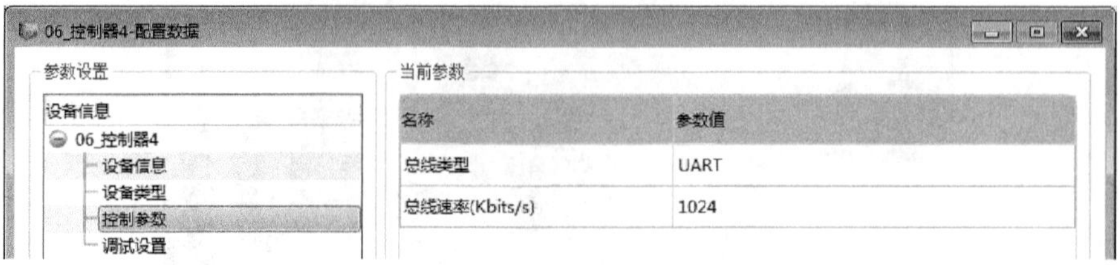

图 4-10　控制器控制参数配置

（3）WiFi 传输模块传输参数配置：设置总线类型为 UART；总线速率为 1024 kbits/s；网络拓扑为点对点；节点类型为终端类型；SSID 为 comway；网络密钥为 101；其他参数默认保存，如图 4-11 和图 4-12 所示。

图 4-11　WiFi 传输模块传输参数配置 1

图 4-12　WiFi 传输模块传输参数配置 2

（4）WiFi 网关传输参数配置：网络拓扑为点对点；节点类型为网关设备；SSID 为 comway；网络密钥为 101，如图 4-13 所示。

图 4-13　WiFi 网关传输参数配置

（5）WiFi 网关 WiFi 节点集配置（右键添加编号 0）：SN 码为与 MAC 所连接的 WiFi 传输模块信息；其他参数默认保存，如图 4-14 所示。

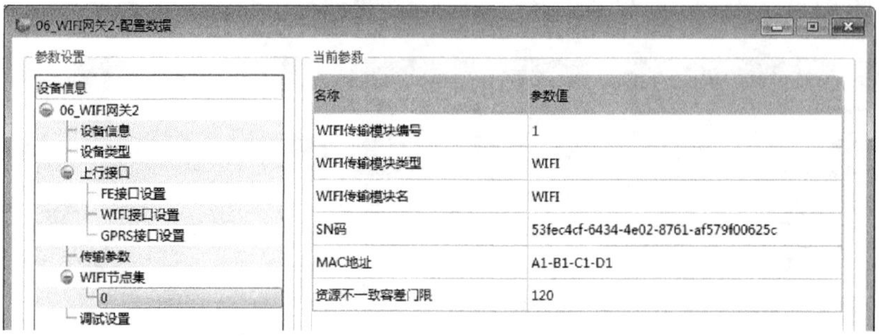

图 4-14　WiFi 网关 WiFi 节点集配置

（6）WiFi 网关上行接口配置：本实验 WiFi 网关的上行是通过网线连接路由器，因此需要设置 FE 接口。其端口模式为 tag；IP 地址为 1. 1. 1. 2；子网掩码为 255. 255. 0. 0；网关为所连接路由器端口的地址，此处设置为 1. 1. 2. 1；VLAN 设置为 1，如图 4-15 所示。

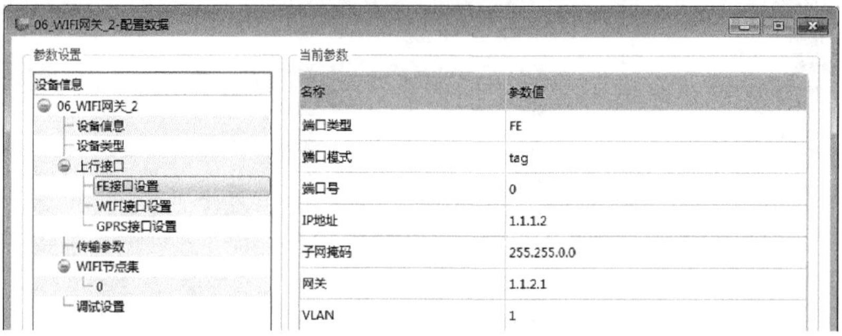

图 4-15　WiFi 网关上行接口配置

（7）路由器端口配置。

① 路由器的端口 0 配置（单击鼠标右键添加编号 0）：端口模式为 tag；对端设备 SN 码是与之相连接网关的 SN 码；IP 地址为 1. 1. 2. 1；子网掩码为 255. 255. 0. 0（与网关处于同一网段）；VLAN 为 1，如图 4-16 所示。

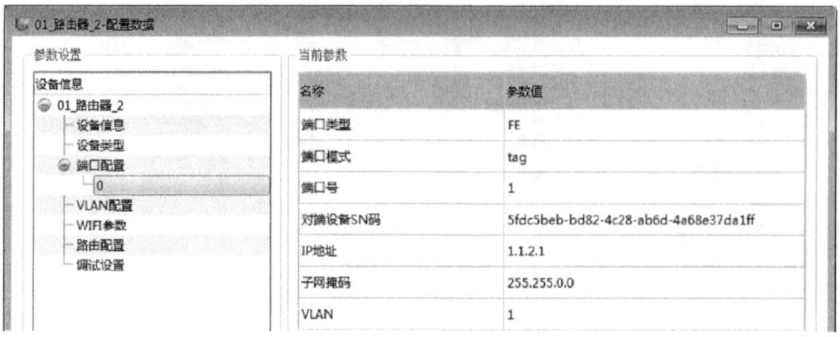

图 4-16　路由器端口配置

路由器与云端服务器也是通过网口进行连接，因此继续在路由器中添加第二个端口 1。

② 路由器的端口 1 配置（右键添加编号 1）：端口模式为 untag（因为云端服务器不具备 VLAN 功能）；对端设备 SN 码是云端服务器的 SN 码，如图 4-17 所示。

图 4-17　路由器端口 1 配置

③ 路由器 WiFi 参数配置：SSID 名为 comway；网络密钥为 101；其他默认保存，如图 4-18 所示。

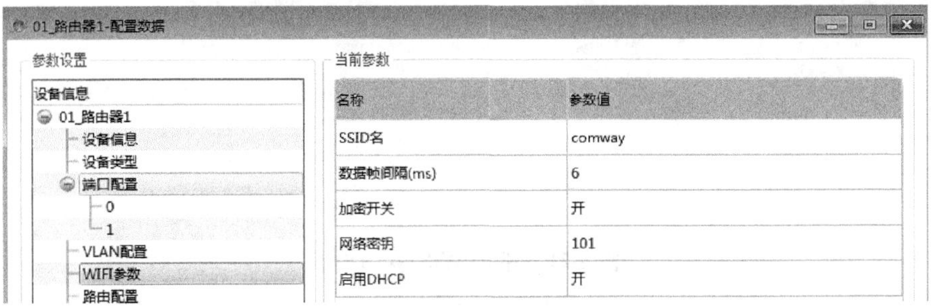

图 4-18　路由器 WiFi 参数配置

（8）云端服务器网卡配置：设置 FE0 的 IP 地址为 1. 1. 1. 2；子网掩码为 255. 255. 0. 0；网关设置为 1. 1. 2. 2，配置原则是使得云端服务器与路由器所连接的端口处于同一网段，如图 4-19 所示。

图 4-19　云端服务器网卡配置

（9）云端服务器应用终端节点集配置：应用终端类型选择手机，SN 码可从手机中的设备信息获取复制；用户名和密码皆为 101，如图 4-20 所示。

图 4-20　云端服务器应用终端节点集配置

（10）手机 WiFi 接口设置：SSID 名为 comway；网络密钥为 101（与路由器所设置的保持一致），如图 4-21 所示。

图 4-21　手机 WiFi 接口设置

（11）手机注册信息配置：注册信息将用于在服务器上登录，本实验设置的用户名和密码皆为 101，如图 4-22 所示。

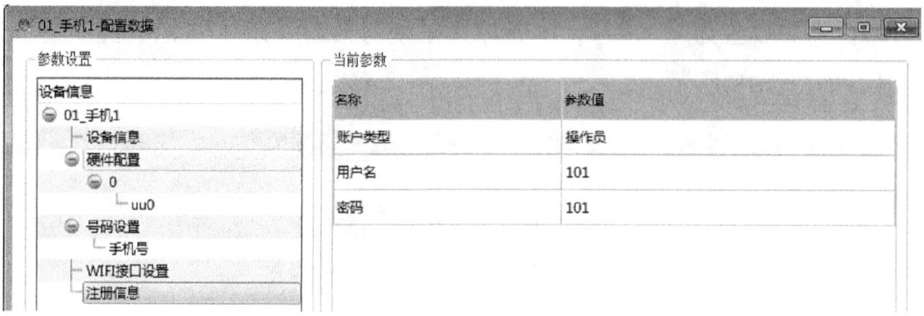

图 4-22　手机注册信息配置

四、实验结果

（1）给图像传感器配置初始信号，加入函数波形。

图像传感器需要控制两个变量：一个是方位；另一个是俯仰。其中数据类型设置为模拟量；方位角的数据分布模型选为线性分布模型（也可以是其他函数，能看到数据变化即可，但是不建议使用方波、三角函数等变化不均匀的函数模型，因为这类函数模型不符合方位角实际变化的曲线）。如不需要变化，可以将最大值和最小值设置为 0，将俯仰角设置为 0°，如图 4-23 所示。点击“生成数据”按钮后可以看到生成的函数模型。

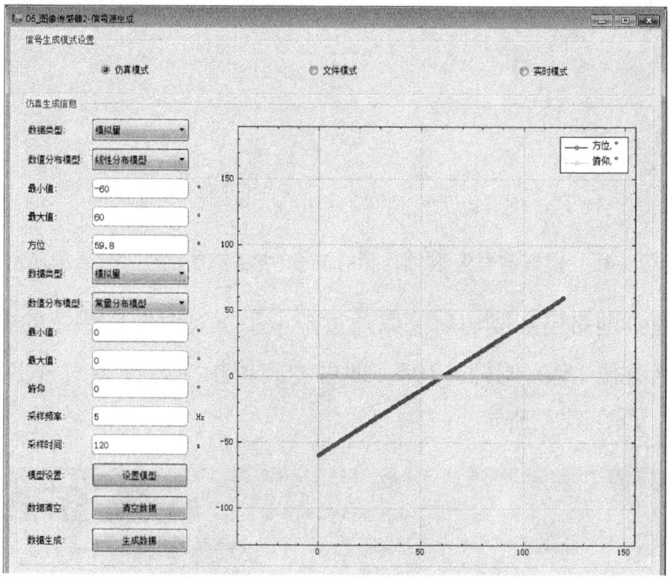

图 4-23　给图像传感器配置初始信号

（2）开启设备，进行实验。模拟信号的实时信息显示如图 4-24 所示，模拟信号经过抽样量化转化为数字信号的实时信息显示如图 4-25 所示。

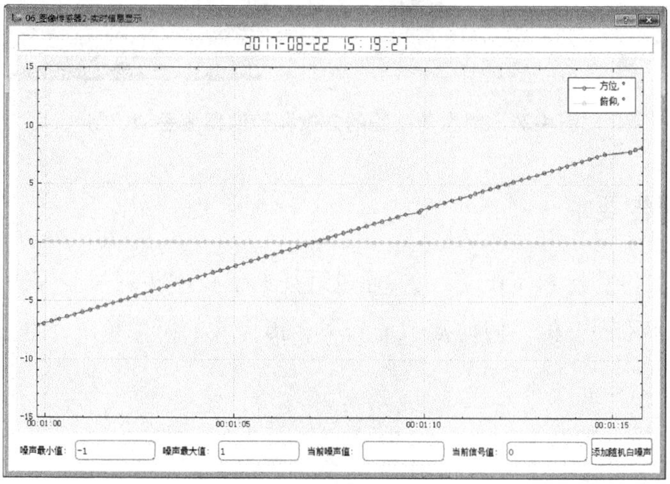

图 4-24　模拟信号的实时信息显示

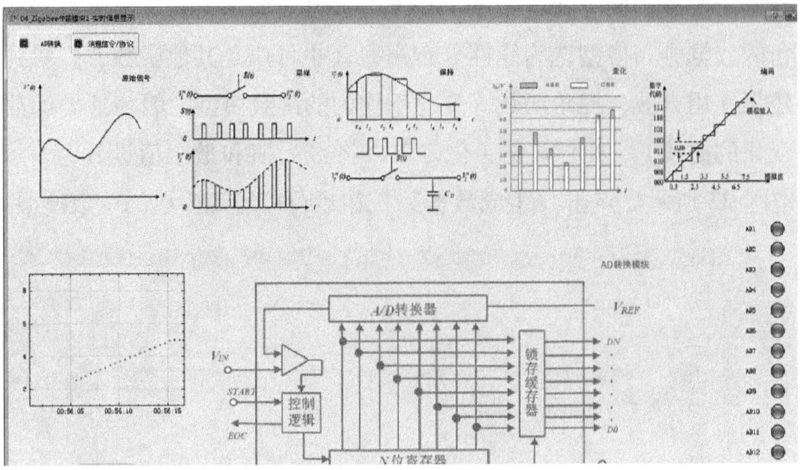

图 4-25　模拟信号经过抽样量化转化为数字信号的实时信息显示

（3）手机验证。网络连接成功后可以通过虚拟手机对图像传感器的方位和俯仰角度进行调控，如若输入方位 15°、俯仰 –10°，即可看到场景中虚拟实物做出相应的控制变化，即网络组网成功，如图 4-26 所示。

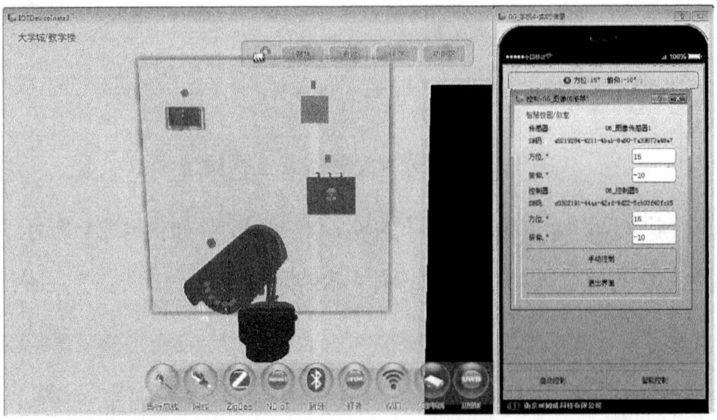

图 4-26　图像传感器的方位和俯仰角度手动控制

五、实验报告要求

（1）利用图像传感器和 WiFi 模块，通过近场通信技术实现对监控摄像头的智能控制。

（2）记录输入不同方位、俯仰模拟信号下，摄像头的工作情况，并分析工作原理。

实验五 ZigBee 技术

一、实验目的

（1）掌握 ZigBee 传输模块及 ZigBee 网关的基础知识；

（2）理解 ZigBee 传输模块及 ZigBee 网关的工作过程；

（3）了解 ZigBee 传输模块及 ZigBee 网关在移动互联网中是如何搭建的；

（4）掌握游泳馆通过 ZigBee 传输模块及 ZigBee 网关实现空调温湿度自动控制的方法。

二、实验仪器

Com-Way 移动互联创新开发仿真系统。

三、实验内容

1. 数据配置

温湿度传感器通过串行总线连接 ZigBee 传输模块；ZigBee 传输模块通过串行总线连接控制器，通过 ZigBee 线缆连接 ZigBee 网关；控制器通过控制总线连接场景中的空调；ZigBee 网关通过网线与信息中心的路由器相连。同时，路由器通过网线连接云端服务器，通过 WiFi 连接手机，如图 5-1 所示。

具体参数配置见表 5-1 至表 5-8 所示。

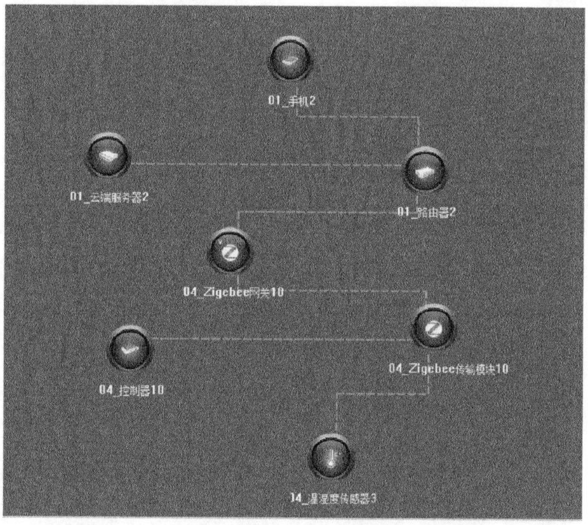

图 5-1　ZigBee 技术实验原理示意图

表 5-1　传感器参数配置

主要数据	参数名称	参数值
设备信息	SN 码	自动生成
	设备类型	自动生成
参数信息	总线速率/(kbits/s)	240

表 5-2　控制器参数配置

主要数据	参数名称	参数值
控制参数	总线速率/(kbits/s)	240

表 5-3　传输模块与网关参数配置

ZigBee 传输模块（A）			ZigBee 网关（B）		
主要数据	参数名称	参数值	主要数据	参数名称	参数值
设备信息	SN 码	自动生成	ZigBee 节点集/0	SN 码	与 A 中生成的 SN 码一致
传输参数	节点地址	A1-B1-C1-D1		节点地址	A1-B1-C1-D1
	总线速率/(kbits/s)	240			
	网络拓扑	点对点	ZigBee 节点集/0/传输参数	网络拓扑	点对点
	节点类型	终端设备		节点类型	网关设备
	重启自动加入网络	是		重启自动加入网络	是
	网络密钥	101		网络密钥	101

表 5-4　传输网关与路由器参数配置

ZigBee 网关（A）			路由器（B）		
主要数据	参数名称	参数值	主要数据	参数名称	参数值
设备信息	SN 码	自动生成	端口配置/0	对端设备 SN 码	与 A 中生成的 SN 码一致
上行接口/FE 接口设置	IP 地址	1. 1. 1. 1		IP 地址	1. 1. 2. 1
	子网掩码	255. 255. 0. 0		子网掩码	255. 255. 0. 0
	网关	1. 1. 2. 1			
	VLAN	1		VLAN	1
	端口模式	tag		端口模式	tag

表 5-5 云端服务器与路由器参数配置

云端服务器（A）			路由器（B）		
主要数据	参数名称	参数值	主要数据	参数名称	参数值
设备信息	SN 码	自动生成	端口配置/1	对端设备 SN 码	与 A 中生成的 SN 码一致
硬件配置/网卡 0/FE0	IP 地址	1. 1. 1. 2		IP 地址	1. 1. 2. 2
	子网掩码	255. 255. 0. 0		子网掩码	255. 255. 0. 0
	网关	1. 1. 2. 2		端口模式	untag

表 5-6 手机与路由器参数配置

手机（A）			路由器（B）		
主要数据	参数名称	参数值	主要数据	参数名称	参数值
WiFi 接口设置	SSID 名	comway	WiFi 参数	SSID 名	comway
	网络密钥	101		网络密钥	101

表 5-7 手机与云端服务器参数配置

手机（A）			云端服务器（B）		
主要数据	参数名称	参数值	主要数据	参数名称	参数值
设备信息	设备类型	手机	应用终端节点集/0	应用端类型	手机
	SN 码	自动生成		SN 码	与 A 中生成的 SN 码一致
注册信息	用户名	101		用户名	101
	密码	101		密码	101

表 5-8 传感器与云端服务器参数配置

温湿度传感器（A）			云端服务器（B）		
主要数据	参数名称	参数值	主要数据	参数名称	参数值
设备信息	设备类型	温湿度传感器	传感器节点集/0	传感器类型	温湿度传感器
	SN 码	自动生成		SN 码	与 A 中生成的 SN 码一致

2. 设备安装步骤

（1）参见实验一中“2. 设备安装步骤”的（1）~（5），在图 5-2 所示的主场景登录界面选择“智慧校园”主场景。

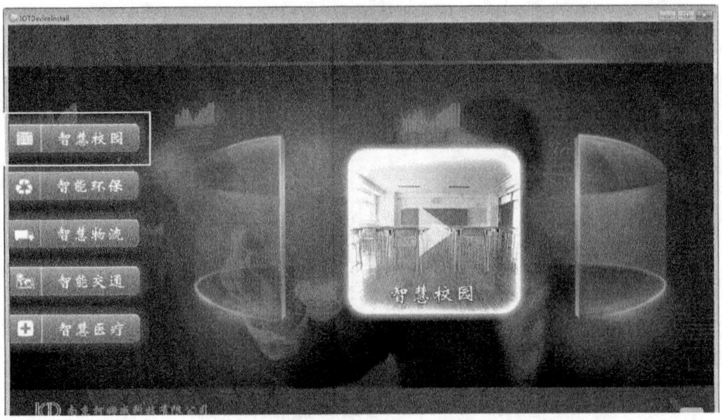

图 5-2　主场景登录界面

（2）进入智慧校园主场景，如图 5-3 所示。

图 5-3　智慧校园主场景

（3）进入智慧校园中的游泳馆小场景，如图 5-4 所示。

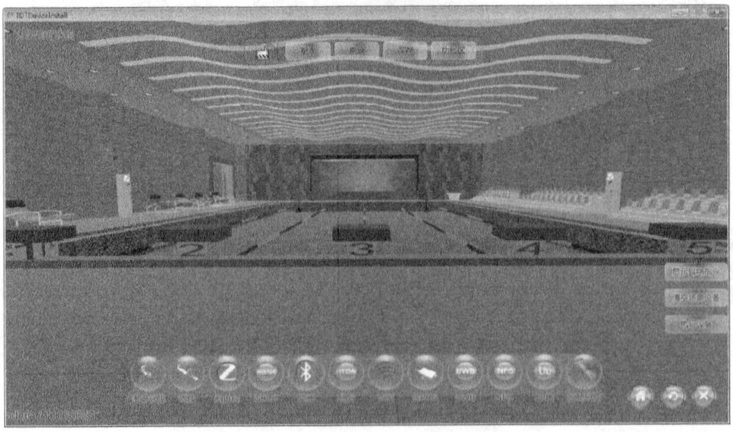

图 5-4　智慧校园中的游泳馆小场景

（4）在温湿度功能区安装设备，如图 5-5 所示。

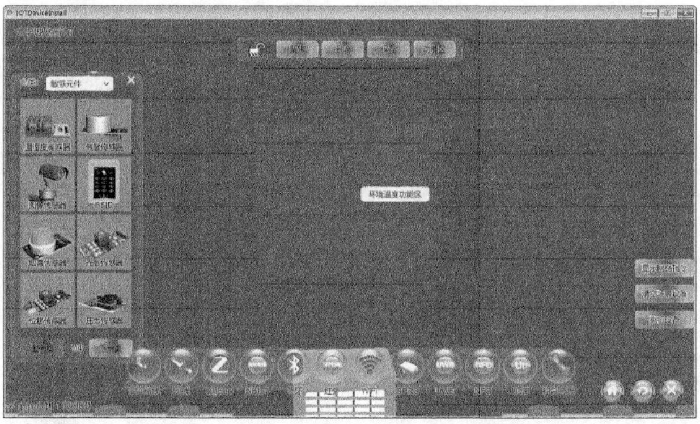

图 5-5　在温湿度功能区安装设备

（5）在功能区安装温湿度传感器、传输模块、传输网关、控制器，如图 5-6 所示。

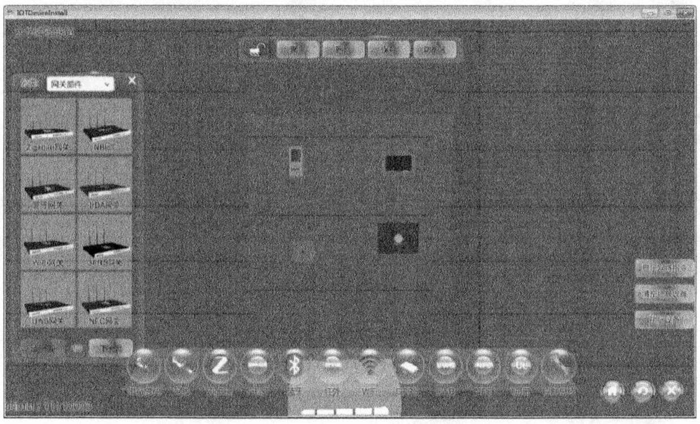

图 5-6　在功能区安装设备

（6）通过图 5-7 所示线缆将设备连接在一起。传感器与传输模块通过串行总线连接，传输模块与控制器通过串行总线连接，控制器与空调通过控制总线相连，ZigBee 传输模块与 ZigBee 网关通过 ZigBee 的连接线连接，ZigBee 网关通过网线与信息中心的路由器相连。

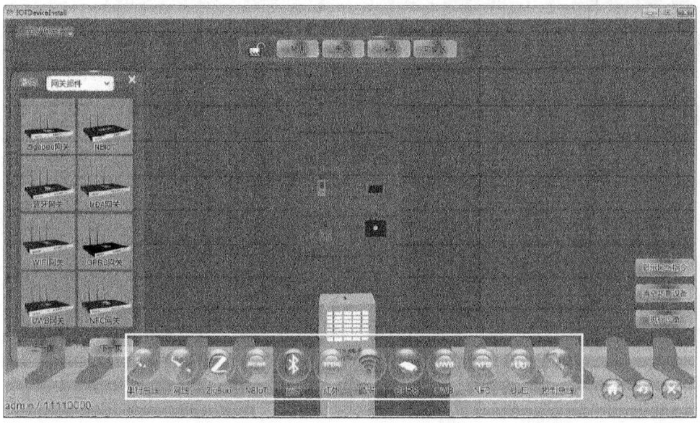

图 5-7　连接设备

（7）在信息中心中安装路由器、云端服务器、手机终端，并相互连线，如图 5-8 所示。

图 5-8　在信息中心中安装设备并相互连线

3. 系统调试步骤

温湿度传感器的数据配置步骤如下：

（1）温湿度传感器参数信息配置：总线类型为 UART；总线速率为 240 kbits/s，如图 5-9 所示。

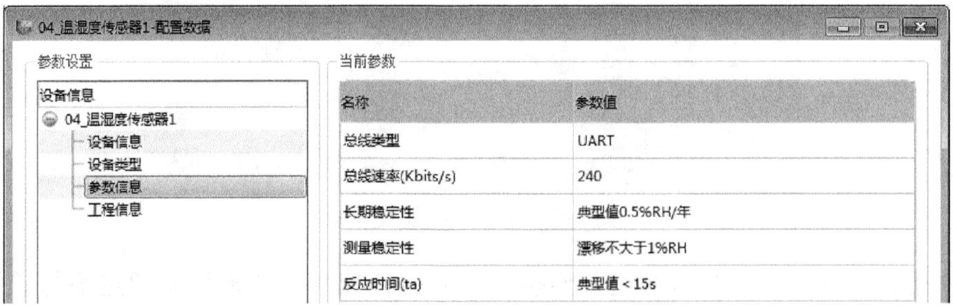

图 5-9　温湿度传感器参数信息配置

（2）控制器控制参数配置：总线类型为 UART；总线速率为 240 kbits/s，如图 5-10 所示。

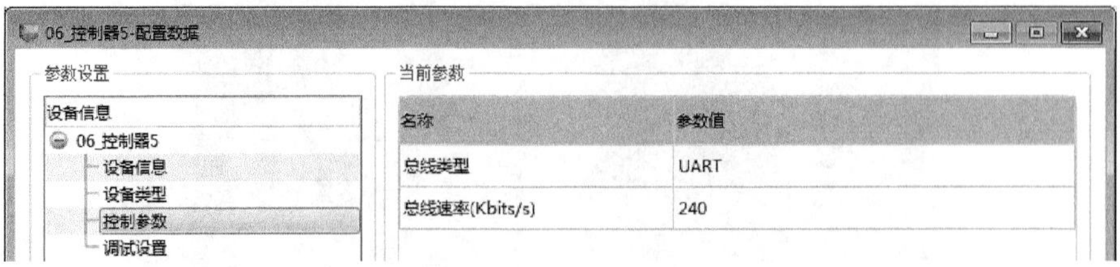

图 5-10　控制器控制参数配置

（3）ZigBee 传输模块传输参数配置：总线类型为 UART；总线速率为 240 kbits/s，如图 5-11 所示。

图 5-11 传输模块传输参数配置

（4）ZigBee 网关节点集 0 配置（单击鼠标右键创建编号 0）：SN 码与节点地址为与之互联的传输模块对应的信息，如图 5-12 所示。

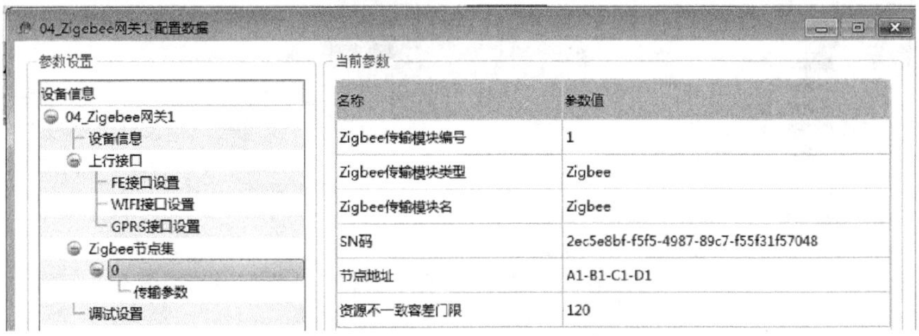

图 5-12 ZigBee 网关节点集 0 配置

（5）ZigBee 网关传输参数配置：网络拓扑为点对点；节点类型为网关设备，如图 5-13 所示。

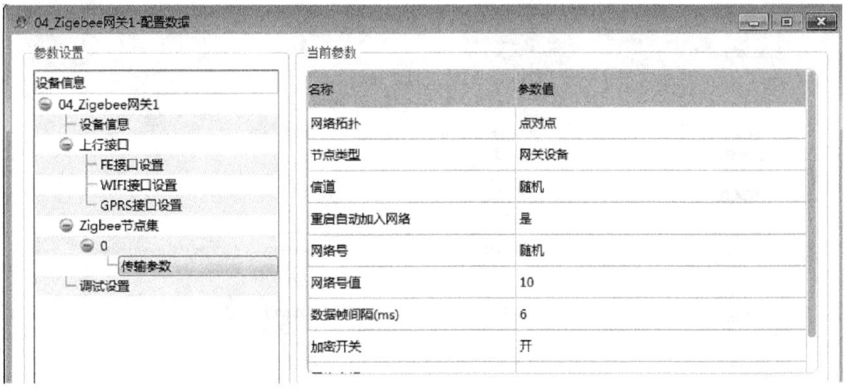

图 5-13 ZigBee 网关传输参数配置

（6）ZigBee 网关上行接口 FE 接口设置：端口模式为 tag；IP 地址为 1.1.1.1；子网掩码为 255.255.0.0；网关为 1.1.2.1；VLAN 为 1，如图 5-14 所示。

图 5-14　ZigBee 网关上行接口 FE 接口设置

（7）路由器端口 0 配置：端口模式为 tag；对端设备 SN 码为与之互联的网关设备的 SN 码信息；IP 地址为 1.1.2.1；子网掩码为 255.255.0.0；VLAN 为 1，如图 5-15 所示。

图 5-15　路由器端口 0 配置

（8）路由器端口 1 配置：端口模式为 untag；对端设备 SN 码为与之互联的服务器设备的 SN 码信息；IP 地址为 1.1.2.2；子网掩码为 16 位；VLAN 为空（因为服务器不具备 VLAN 功能），如图 5-16 所示。

图 5-16　路由器端口 1 配置

（9）路由器 WiFi 参数配置：SSID 名为 comway（任意非中文字符均可）；网络密钥为 101，如图 5-17 所示。

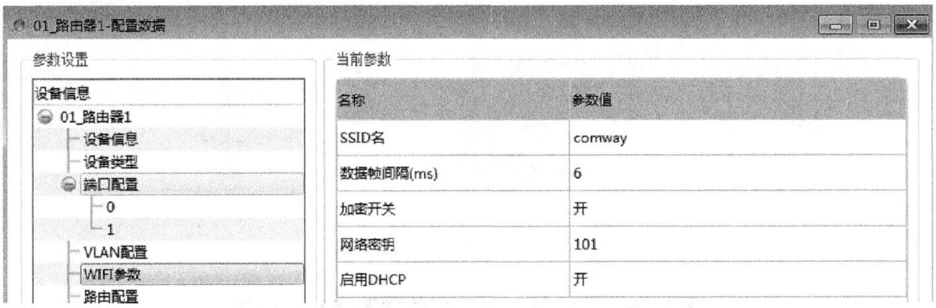

图 5-17　路由器 WiFi 参数配置

（10）云端服务器网卡 FE0 配置：IP 地址为 1. 1. 1. 2；子网掩码为 255. 255. 0. 0；网关为 1. 1. 2. 2，如图 5-18 所示。

图 5-18　云端服务器网卡 FE0 配置

（11）云端服务器传感器节点集 0 配置（单击鼠标右键创建编号 0）：传感器类型为温湿度传感器；SN 码为所选传感器的 SN 码信息，如图 5-19 所示。

图 5-19　云端服务器传感器节点集 0 配置

（12）云端服务器应用终端节点集 0 配置（单击鼠标右键添加编号 0）：应用终端类型为手机；SN 码为手机的 SN 码信息；用户名为 101；密码为 101，如图 5-20 所示。

图 5-20　云端服务器应用终端节点集 0 配置

（13）手机 WiFi 接口设置：SSID 名为 comway；网络密钥为 101（与路由器 WiFi 信息保持一致），如图 5-21 所示。

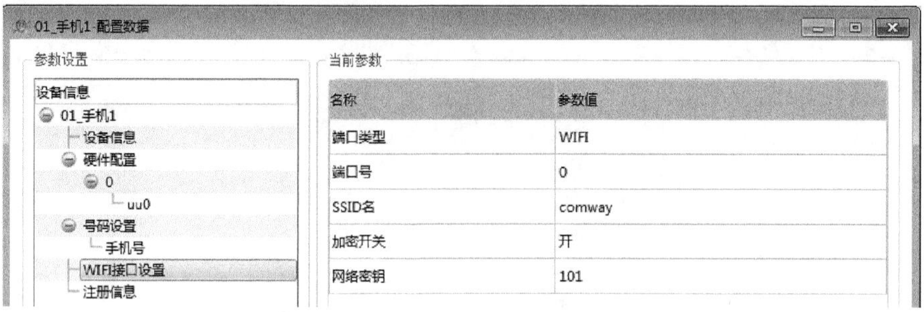

图 5-21　手机 WiFi 接口设置

（14）手机注册信息配置：用户名为 101；密码为 101（此用户将用于连接服务器上的应用登录），如图 5-22 所示。

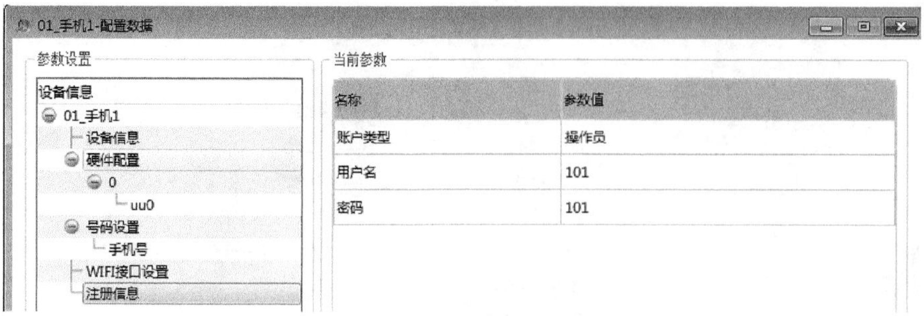

图 5-22　手机注册信息配置

四、实验结果

（1）给温湿度传感器配置初始信号，加入函数波形。

根据图 5-23 所示进行设置，函数波形没有使用限制，只要能够看到变化即可。其中，数据类型为模拟量；温度的数据分布模型选择三角波分布模型；湿度的数值分布模型选择正弦分布模型；最大值和最小值的取值范围取决于仿真场景中的执行机构。

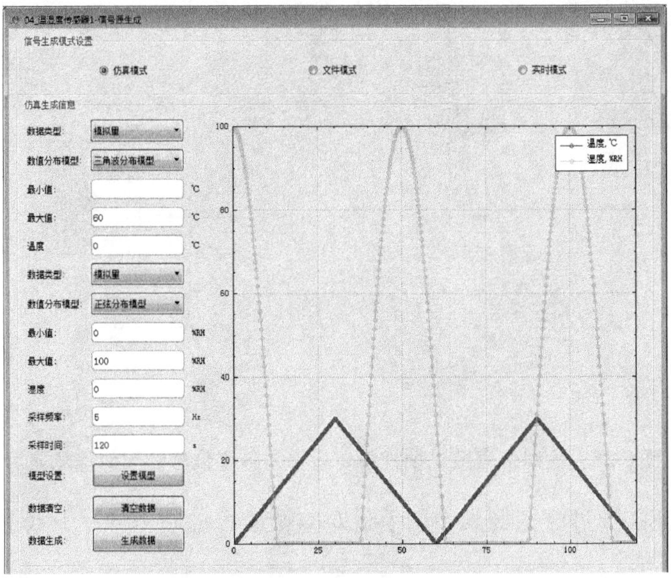

图 5-23　给温湿度传感器配置初始信号

（2）开启设备，进行实验。模拟信号的实时信息显示如图 5-24 所示。模拟信号经过抽样量化转化为数字信号的实时信息显示如图 5-25 所示。

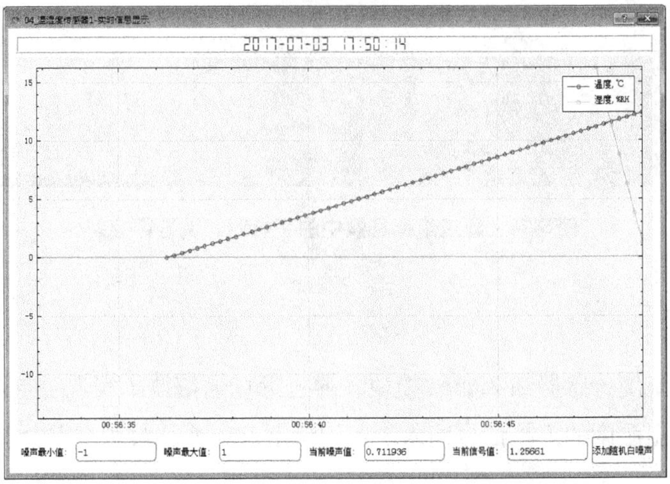

图 5-24　模拟信号的实时信息显示

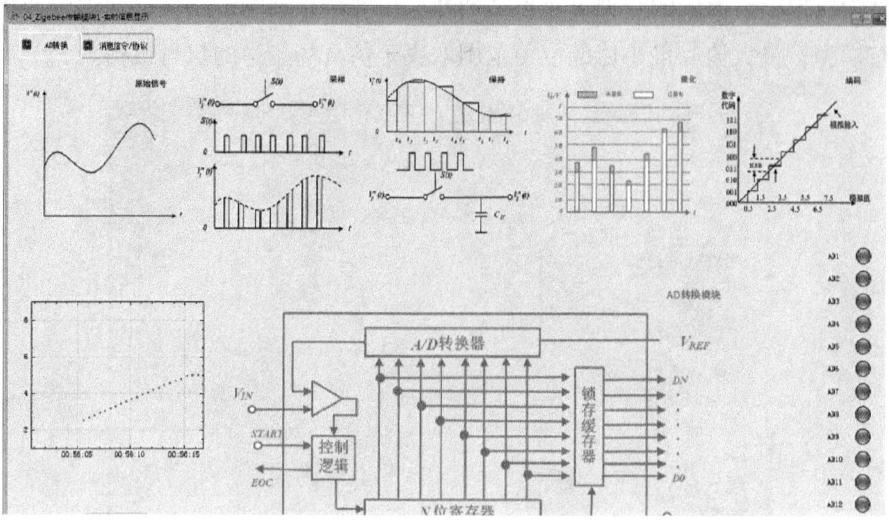

图 5-25　模拟信号经过抽样量化转化为数字信号的实时信息显示

（3）手机验证。通过虚拟场景中的手机对空调进行控制，如图 5-26 所示。

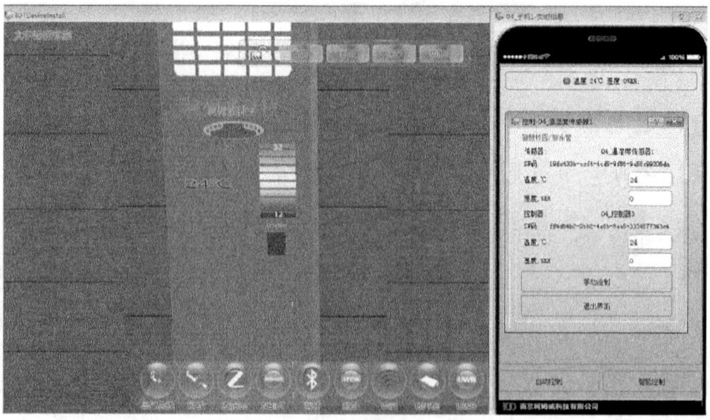

图 5-26　通过虚拟场景中的手机对空调进行控制

五、实验报告要求

（1）利用温湿度传感器和 ZigBee 模块，通过近场通信技术实现对空调的智能控制。

（2）在不同温湿度的模拟信号输入下，记录空调的变化过程，并分析工作原理。

实验六 NB-IoT 技术

一、实验目的

（1）掌握 NB-IoT 传输模块及 NB-IoT 网关的基础知识；

（2）理解 NB-IoT 传输模块及 NB-IoT 网关的工作过程；

（3）了解 NB-IoT 传输模块及 NB-IoT 网关的线路连接与设备配置；

（4）了解 NB-IoT 传输模块及 NB-IoT 网关在移动互联网中的搭建方法；

（5）掌握在智能环保市区环境中通过 NB-IoT 传输模块及 NB-IoT 网关实现风速智能监控与自动控制的方法。

二、实验仪器

Com-Way 移动互联创新开发仿真系统。

三、实验内容

1. 数据配置

NB-IoT 传输模块及 NB-IoT 网关原理示意图实验如图 6-1 所示。

风速传感器通过串行总线连接 NB-IoT 传输模块；NB-IoT 传输模块通过串行总线连接控制器，通过 NB-IoT 连接线连接 NB-IoT 网关；控制器通过控制总线连接风速显示仪，NB-IoT 传输模块通过网线与信息中心的路由器相连；同时，路由器通过网线连接云端服务器，通过 WiFi 连接手机。

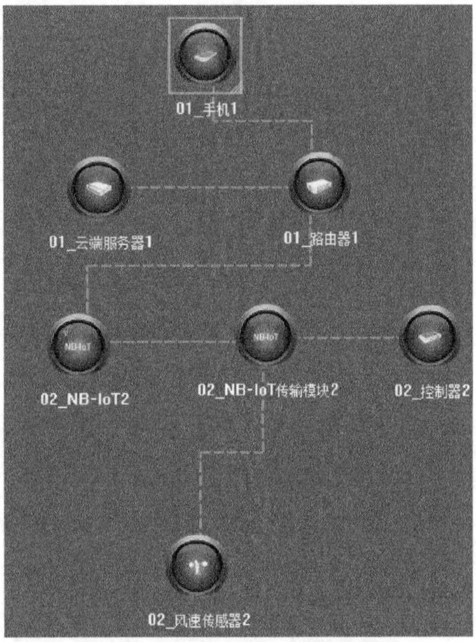

图 6-1　NB-IoT 技术实验原理示意图

各个设备的具体参数配置见表 6-1 至表 6-8。

表 6-1　传感器参数配置

主要数据	参数名称	参数值
设备信息	SN 码	自动生成
	设备类型	自动生成
参数信息	总线速率/(kbits/s)	240

表 6-2　控制器参数配置

主要数据	参数名称	参数值
控制参数	总线速率/(kbits/s)	240

表 6-3　传输模块与网关参数配置

NB-IoT 传输模块（A）			NB-IoT 网关（B）		
主要数据	参数名称	参数值	主要数据	参数名称	参数值
设备信息	SN 码	自动生成	NB-IoT 节点集/0	SN 码	与 A 中生成的 SN 码一致
传输参数	SIM 卡号	460001234567801		SIM 卡号	460001234567801
	用户号码	101		用户号码	101
	总线速率/(kbits/s)	240			
	网络拓扑	点对点	传输参数	网络拓扑	点对点
	节点类型	终端设备		节点类型	网关设备

表 6-4　传输网关与路由器参数配置

NB-IoT 网关（A）			路由器（B）		
主要数据	参数名称	参数值	主要数据	参数名称	参数值
设备信息	SN 码	自动生成	端口配置/0	对端设备 SN 码	与 A 中生成的 SN 码一致
上行接口/FE 接口设置	IP 地址	1.1.1.1		IP 地址	1.1.2.1
	子网掩码	255.255.0.0		子网掩码	255.255.0.0
	网关	1.1.2.1			
	VLAN	1		VLAN	1
	端口模式	tag		端口模式	tag

表 6-5　云端服务器与路由器参数配置

云端服务器（A）			路由器（B）		
主要数据	参数名称	参数值	主要数据	参数名称	参数值
设备信息	SN 码	自动生成	端口配置/1	对端设备 SN 码	与 A 中生成的 SN 码一致
硬件配置/网卡 0/FE0	IP 地址	1. 1. 1. 2		IP 地址	1. 1. 2. 2
	子网掩码	255. 255. 0. 0		子网掩码	255. 255. 0. 0
	网关	1. 1. 2. 2		端口模式	untag

表 6-6　手机与路由器参数配置

手机（A）			路由器（B）		
主要数据	参数名称	参数值	主要数据	参数名称	参数值
WiFi 接口设置	SSID 名	comway	WiFi 参数	SSID 名	comway
	网络密钥	101		网络密钥	101

表 6-7　手机与云端服务器参数配置

手机（A）			云端服务器（B）		
主要数据	参数名称	参数值	主要数据	参数名称	参数值
设备信息	设备类型	手机	应用终端节点集/0	应用端类型	手机
	SN 码	自动生成		SN 码	与 A 中生成的 SN 码一致
注册信息	用户名	101		用户名	101
	密码	101		密码	101

表 6-8　传感器与云端服务器参数配置

压力传感器（A）			云端服务器（B）		
主要数据	参数名称	参数值	主要数据	参数名称	参数值
设备信息	设备类型	压力传感器	传感器节点集/0	传感器类型	压力传感器
	SN 码	自动生成		SN 码	与 A 中生成的 SN 码一致

2. 设备安装步骤

（1）参见实验一中“2. 设备安装步骤的（1）~（5），在图 6-2 所示的主场景登录界面选择“智能环保”主场景。

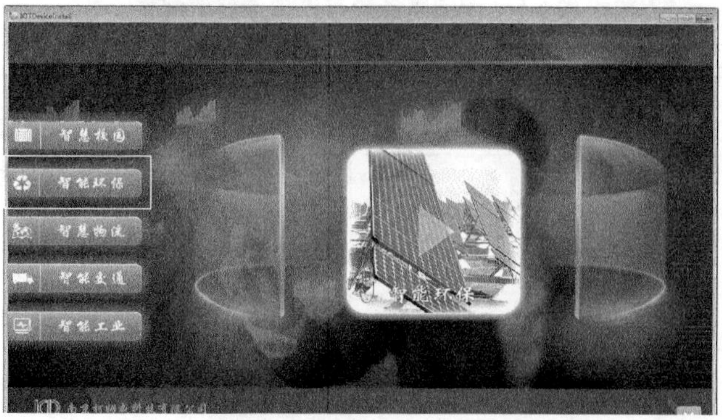

图 6-2　主场景登录界面

（2）进入智能环保主场景，如图 6-3 所示。

图 6-3　智能环保主场景

（3）进入智能环保中的市区环境小场景，如图 6-4 所示。

图 6-4　进入智能环保中的市区环境小场景

（4）找到风速监控功能区进行设备安装，如图 6-5 所示。

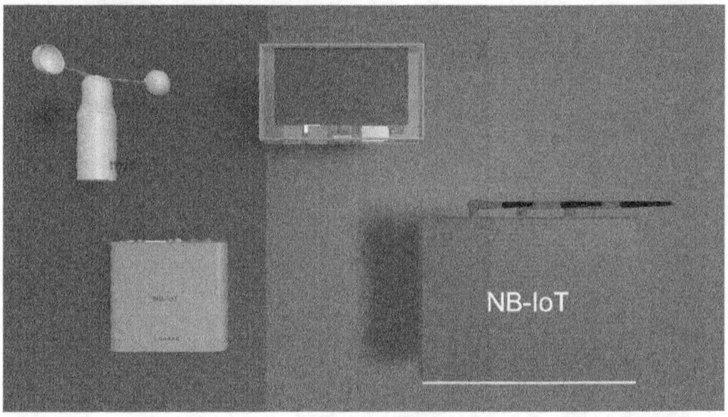

图 6-5　风速监控功能区

（5）在功能区上安装传感器、NB-IoT 传输模块、NB-IoT 网关、控制器，如图 6-6 所示。

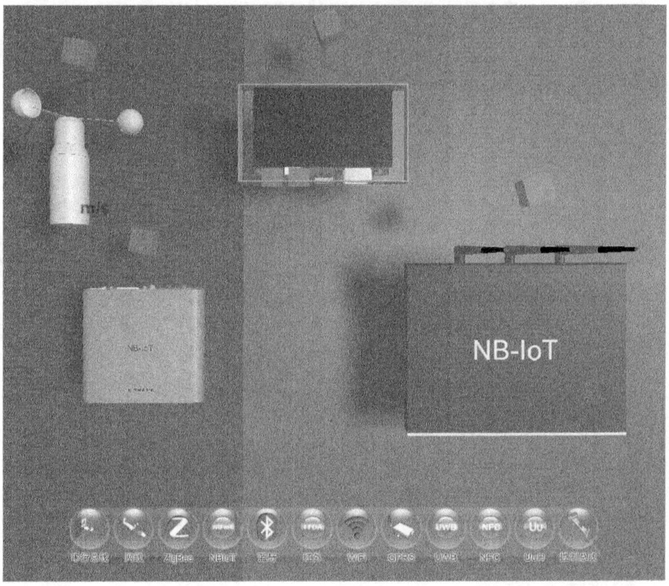

图 6-6　在功能区上安装设备

（6）通过线缆将设备连接在一起。传感器与传输模块通过串行总线连接，传输模块与控制器通过串行总线连接，控制器与风速显示仪通过控制总线相连，NB-IoT 传输模块与 NB-IoT 网关通过 NB-IoT 的连接线连接，NB-IoT 网关通过网线与信息中心的路由器相连，如图 6-7 所示。

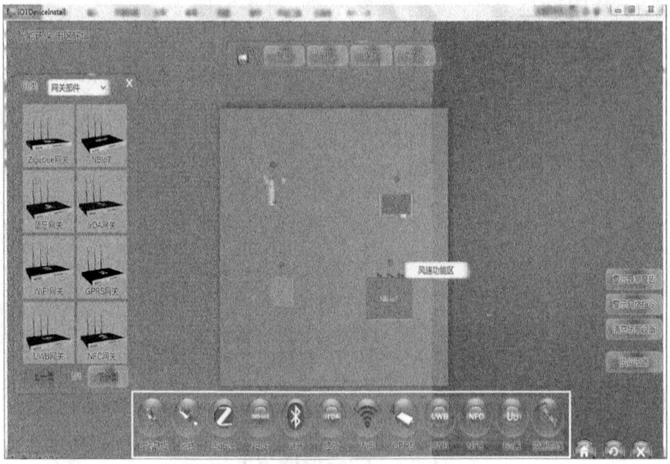

图 6-7　连接设备

（7）在信息中心中安装路由器、云端服务器、手机终端并相互连线，如图 6-8 所示。

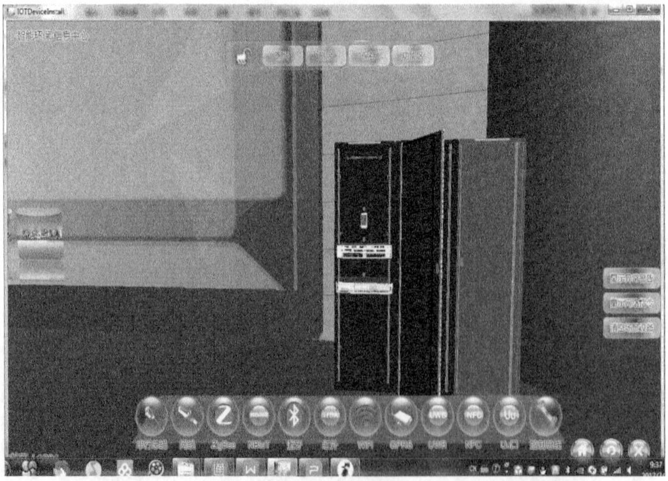

图 6-8　在信息中心中安装设备并相互连线

3. 系统调试步骤

给安装的设备进行数据配置，步骤如下：

（1）风速传感器参数信息配置：总线类型为 UART；总线速率为 240 kbits/s，如图 6-9 所示。

图 6-9　风速传感器参数信息配置

（2）控制器控制参数配置：总线类型为 UART；总线速率为 240 kbits/s，如图 6-10 所示。

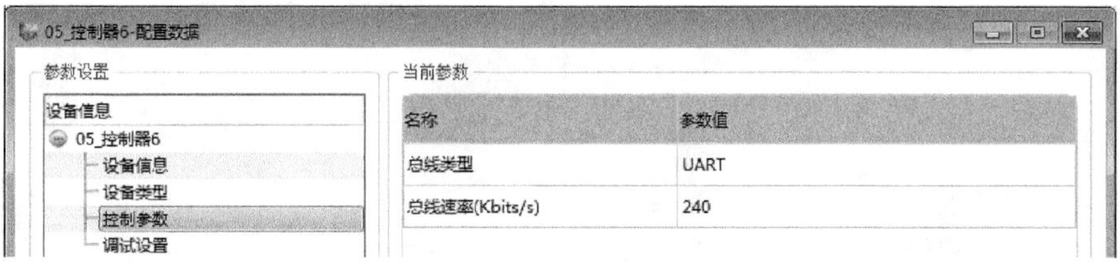

图 6-10　控制器控制参数配置

（3）NB-IoT 传输模块传输参数配置：总线类型为 UART；总线速率为 240 kbits/s，如图 6-11 所示。

图 6-11　NB-IoT 传输模块传输参数配置

（4）NB-IoT 网关节点集 0 配置（单击鼠标右键创建编号 0）：SN 码与节点地址为与之互联的传输模块对应的信息，如图 6-12 所示。

图 6-12　NB-IoT 传输网关节点集 0 配置

（5）NB-IoT 网关传输参数配置：网络拓扑为点对点；节点类型为网关设备，如图 6-13 所示。

图 6-13　NB-IoT 传输网关传输参数配置

（6）NB-IoT 网关上行接口 FE 接口设置：端口模式为 tag；IP 地址为 1. 1. 1. 1；子网掩码为 255. 255. 0. 0；网关为 1. 1. 2. 1；VLAN 为 1，如图 6-14 所示。

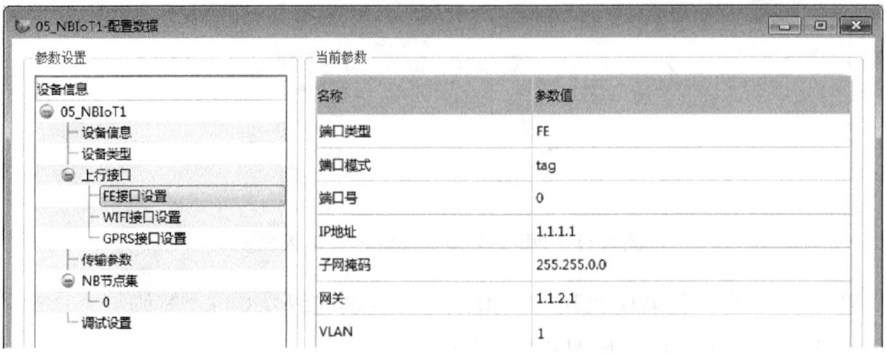

图 6-14　NB-IoT 传输网关上行接口 FE 接口设置

（7）路由器端口 0 配置：端口模式为 tag；对端设备 SN 码为与之互联的网关设备的

SN 码信息；IP 地址为 1. 1. 2. 1；子网掩码为 255. 255. 0. 0；VLAN 为 1，如图 6-15 所示。

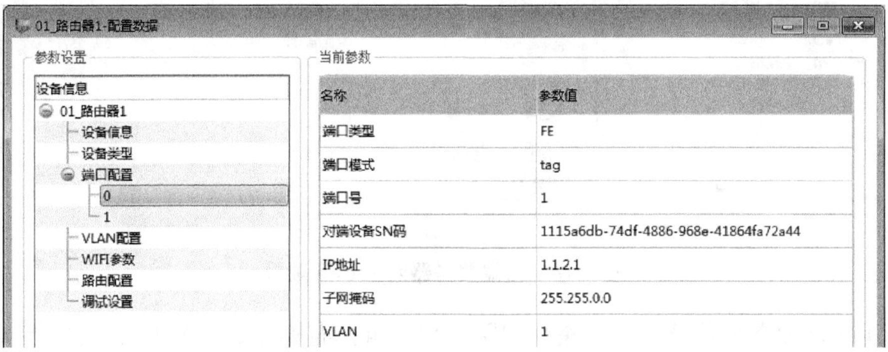

图 6-15　路由器端口 0 配置

（8）路由器端口 1 配置：端口模式为 untag；对端设备 SN 码为与之互联的服务器设备的 SN 码信息；IP 地址为 1. 1. 2. 2；子网掩码为 255. 255. 0. 0；VLAN 为空（因为服务器不具备 VLAN 功能），如图 6-16 所示。

图 6-16　路由器端口 1 配置

（9）路由器 WiFi 参数配置：SSID 名为 comway（任意非中文字符均可）；网络密钥为 101，如图 6-17 所示。

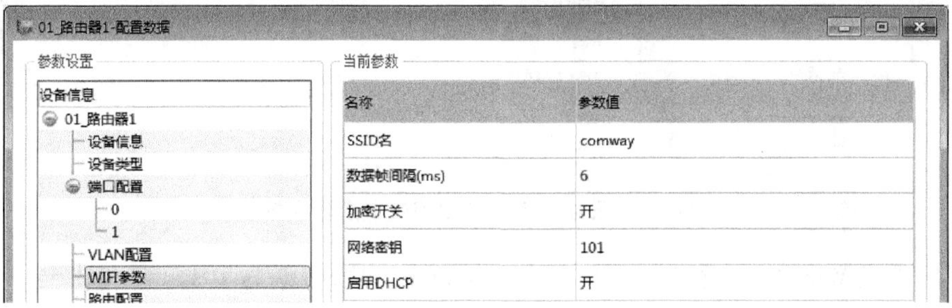

图 6-17　路由器 WiFi 参数配置

（10）云端服务器网卡 FE0 配置：IP 地址为 1. 1. 1. 2；子网掩码为 255. 255. 0. 0；网关为 1. 1. 2. 2，如图 6-18 所示。

图 6-18　云端服务器网卡 FE0 配置

（11）云端服务器传感器节点集 0 配置（单击鼠标右键创建编号 0）：传感器类型为压力传感器；SN 码为传感器类型所选的传感器的 SN 码信息，如图 6-19 所示。

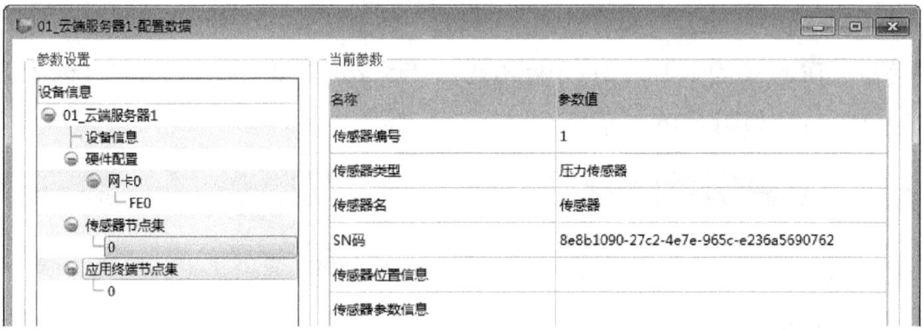

图 6-19　云端服务器传感器节点集 0 配置

（12）云端服务器应用终端节点集 0 配置（单击鼠标右键添加编号 0）：应用终端类型为手机；SN 码为手机的 SN 码信息；用户名为 101；密码为 101，如图 6-20 所示。

图 6-20　云端服务器应用终端节点集 0 配置

（13）手机 WiFi 接口设置：SSID 名为 comway；网络密钥为 101（与路由器 WiFi 信息保持一致），如图 6-21 所示。

图 6-21　手机 WiFi 接口设置

（14）手机注册信息配置：用户名为 101；密码为 101（此用户将用于连接服务器上的应用登录），如图 6-22 所示。

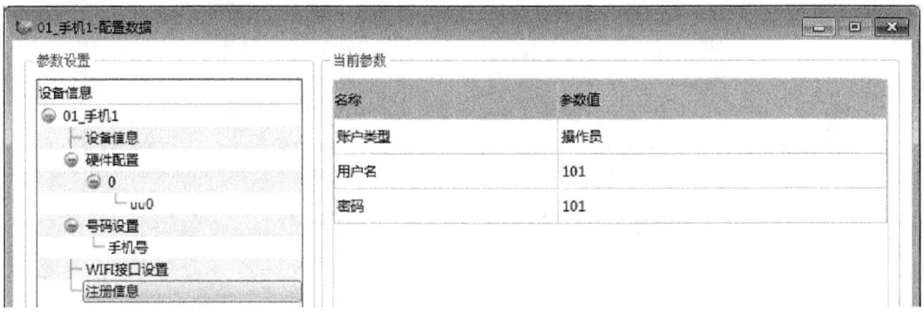

图 6-22　手机注册信息配置

四、实验结果

（1）给风速传感器配置初始信号，加入函数波形。

给风速传感器配置初始信号，如图 6-23 所示。其中，数据类型选择模拟量，数值分布模型选择正弦分布模型，最大值和最小值根据场景中的执行机构大小而设定，点击“生成数据”按钮即可看到根据函数所设定的模拟量模型。

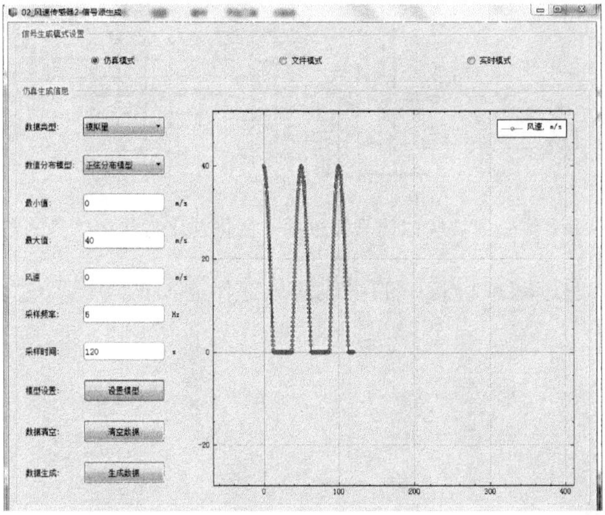

图 6-23　给风速传感器配置初始信号

（2）开启设备，进行实验。模拟信号的实时信息显示如图 6-24 所示，NB-IoT 传输模块模拟信号经过抽样量化转化为数字信号的实时信息显示如图 6-25 所示。

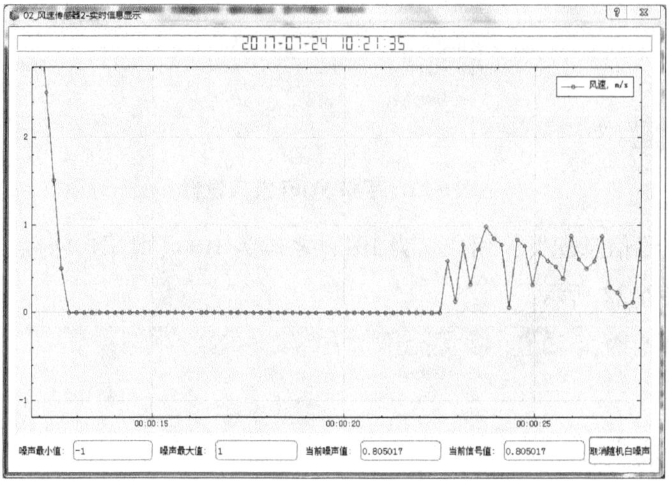

图 6-24　模拟信号的实时信息显示

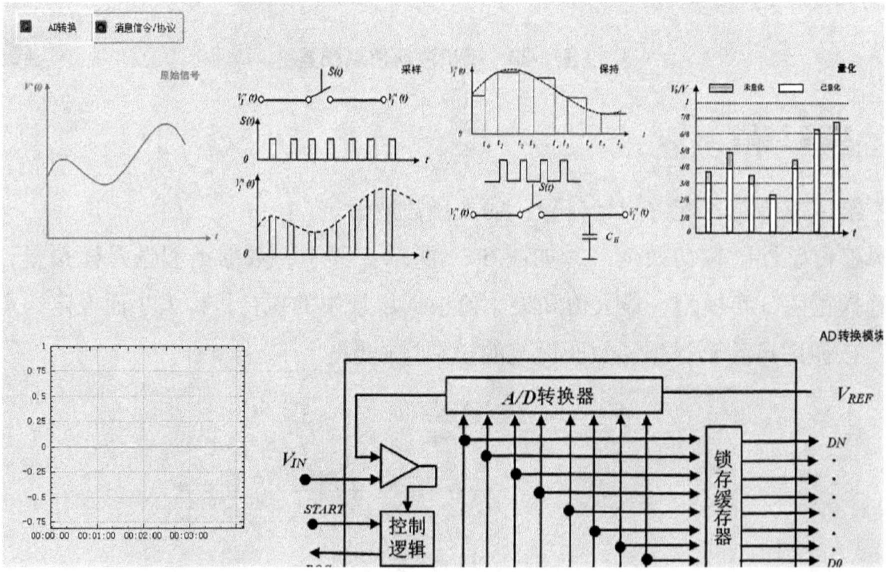

图 6-25　NB-IoT 传输模块模拟信号经过抽样量化转化为数字信号的实时信息显示

（3）手机验证。通过虚拟场景中的手机对风速传感器的环境变量进行控制，如图 6-26 所示。

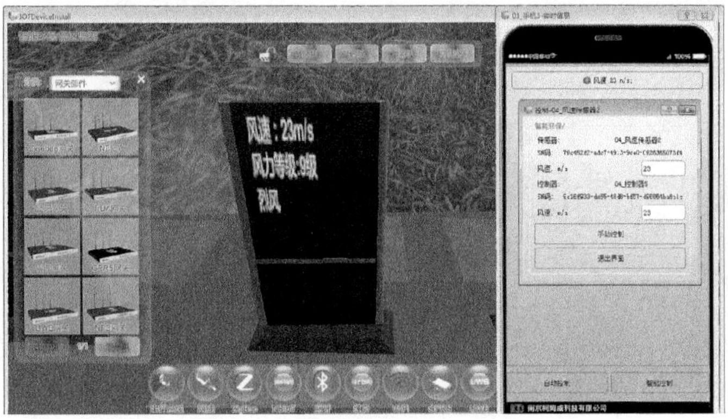

图 6-26　风速传感器的环境变量手动控制

五、实验报告要求

（1）利用 NB-IoT 传输模块及网关与风速传感器，通过近场通信技术实现在智能环保市区环境场景内对风速监控的智能控制。

（2）在全网仿真模式下通过自动与手动控制风速传感器的模拟信号输入，记录市区风速变化结果，并比较自动与手动控制模拟信号的差异。

实验七

蓝牙技术

一、实验目的

（1）掌握蓝牙传输模块及蓝牙网关的基础知识；

（2）理解蓝牙传输模块及蓝牙网关的工作过程；

（3）了解蓝牙传输模块及蓝牙网关的线路连接与设备配置；

（4）了解蓝牙传输模块及蓝牙网关在移动互联网中是如何搭建的；

（5）掌握在智能环保场景中实现气敏传感器的智能监控与自动控制的方法。

二、实验仪器

Com-Way 移动互联创新开发仿真系统。

三、实验内容

1. 数据配置

监控识别摄像头通过串行总线连接蓝牙传输模块；蓝牙传输模块通过串行总线连接控制器，通过蓝牙线缆连接蓝牙网关；控制器通过控制总线连接场景中的警报器；蓝牙网关通过网线与信息中心的路由器相连；同时，路由器通过网线连接云端服务器，通过蓝牙连接手机，如图 7-1 所示。

具体参数配置见表 7-1 至表 7-8。

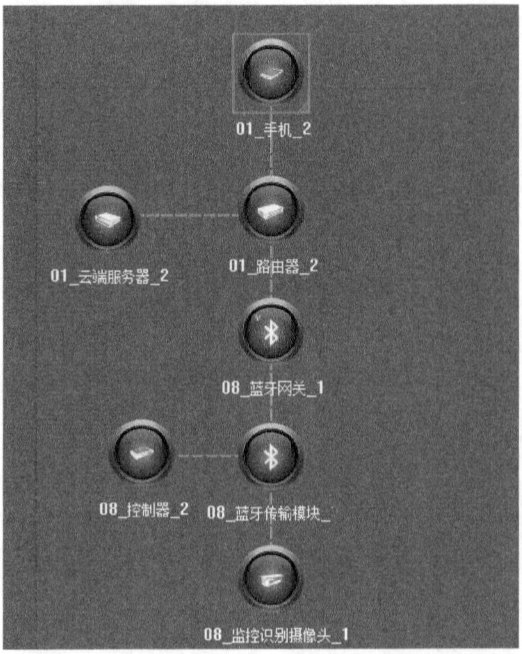

图 7-1　蓝牙技术实验原理示意图

表 7-1　传感器参数配置

主要数据	参数名称	参数值
设备信息	SN 码	自动生成
	设备类型	自动生成
参数信息	总线速率/(kbits/s)	1024

表 7-2　控制器参数配置

主要数据	参数名称	参数值
控制参数	总线速率/(kbits/s)	1024

表 7-3　传输模块与网关参数配置

蓝牙传输模块（A）			蓝牙网关（B）		
主要数据	参数名称	参数值	主要数据	参数名称	参数值
设备信息	SN 码	自动生成	蓝牙节点集/0	SN 码	与 A 中生成的 SN 码一致
传输参数	节点地址	A1-B1-C1-D1		节点地址	A1-B1-C1-D1
	总线速率/(kbits/s)	1024			
	网络拓扑	点对点	蓝牙节点集/0/传输参数	网络拓扑	点对点
	节点类型	终端设备		节点类型	网关设备
	重启自动加入网络	是		重启自动加入网络	是
	网络密钥	101		网络密钥	101

表 7-4　传输网关与路由器配置关系

蓝牙网关（A）			路由器（B）		
主要数据	参数名称	参数值	主要数据	参数名称	参数值
设备信息	SN 码	自动生成	端口配置/0	对端设备 SN 码	与 A 中生成的 SN 码一致
上行接口/FE 接口设置	端口模式	tag		端口模式	tag
	IP 地址	1. 1. 1. 1		IP 地址	1. 1. 2. 1
	子网掩码	255. 255. 0. 0		子网掩码	255. 255. 0. 0
	网关	1. 1. 2. 1			
	VLAN	1		VLAN	1

表 7-5　云端服务器与路由器参数配置

<table>
<tr><td colspan="3">云端服务器（A）</td><td colspan="3">路由器（B）</td></tr>
<tr><td>主要数据</td><td>参数名称</td><td>参数值</td><td>主要数据</td><td>参数名称</td><td>参数值</td></tr>
<tr><td rowspan="2">设备信息</td><td rowspan="2">SN 码</td><td rowspan="2">自动生成</td><td rowspan="5">端口配置/1</td><td>对端设备 SN 码</td><td>与 A 中生成的 SN 码一致</td></tr>
<tr><td>端口模式</td><td>untag</td></tr>
<tr><td rowspan="3">硬件配置/网卡 0/FE0</td><td>IP 地址</td><td>1. 1. 1. 2</td><td>IP 地址</td><td>1. 1. 2. 2</td></tr>
<tr><td>子网掩码</td><td>255. 255. 0. 0</td><td rowspan="2">子网掩码</td><td rowspan="2">255. 255. 0. 0</td></tr>
<tr><td>网关</td><td>1. 1. 2. 2</td></tr>
</table>

表 7-6　手机与路由器参数配置

<table>
<tr><td colspan="3">手机（A）</td><td colspan="3">路由器（B）</td></tr>
<tr><td>主要数据</td><td>参数名称</td><td>参数值</td><td>主要数据</td><td>参数名称</td><td>参数值</td></tr>
<tr><td rowspan="2">WiFi 接口设置</td><td>SSID 名</td><td>comway</td><td rowspan="2">WiFi 参数</td><td>SSID 名</td><td>comway</td></tr>
<tr><td>网络密钥</td><td>101</td><td>网络密钥</td><td>101</td></tr>
</table>

表 7-7　手机与云端服务器参数配置

<table>
<tr><td colspan="3">手机（A）</td><td colspan="3">云端服务器（B）</td></tr>
<tr><td>主要数据</td><td>参数名称</td><td>参数值</td><td>主要数据</td><td>参数名称</td><td>参数值</td></tr>
<tr><td rowspan="2">设备信息</td><td>设备类型</td><td>手机</td><td rowspan="4">应用终端节点集/0</td><td>应用端类型</td><td>手机</td></tr>
<tr><td>SN 码</td><td>自动生成</td><td>SN 码</td><td>与 A 中生成的 SN 码一致</td></tr>
<tr><td rowspan="2">注册信息</td><td>用户名</td><td>101</td><td>用户名</td><td>101</td></tr>
<tr><td>密码</td><td>101</td><td>密码</td><td>101</td></tr>
</table>

表 7-8　传感器与云端服务器参数配置

<table>
<tr><td colspan="3">监控识别摄像头（A）</td><td colspan="3">云端服务器（B）</td></tr>
<tr><td>主要数据</td><td>参数名称</td><td>参数值</td><td>主要数据</td><td>参数名称</td><td>参数值</td></tr>
<tr><td rowspan="2">设备信息</td><td>设备类型</td><td>气敏传感器</td><td rowspan="2">传感器节点集/0</td><td>传感器类型</td><td>监控识别摄像头</td></tr>
<tr><td>SN 码</td><td>自动生成</td><td>SN 码</td><td>与 A 中生成的 SN 码一致</td></tr>
</table>

2. 设备安装步骤

（1）参见实验一中“2. 设备安装步骤”的（1）~（5），在图 7-2 所示的主场景登录界面选择“智慧校园”主场景。

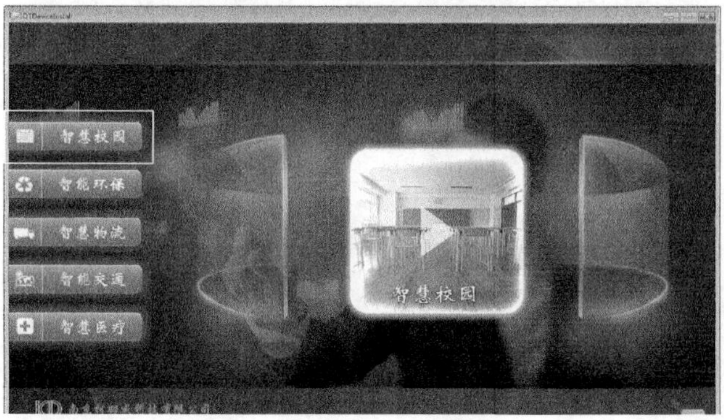

图 7-2　主场景登录界面

（2）进入智慧校园主场景，如图 7-3 所示。

图 7-3　智慧校园主场景

（3）进入智慧校园中的门卫小场景，如图 7-4 所示。

图 7-4　智慧校园中的门卫小场景

（4）找到监控功能区进行设备安装，如图 7-5 所示。

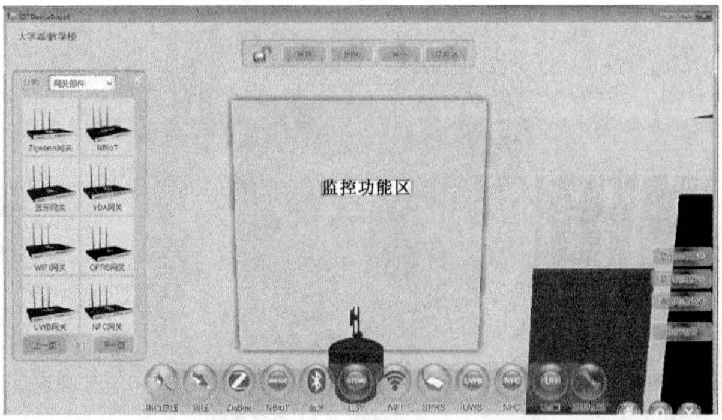

图 7-5　在监控功能区安装设备

（5）在门禁功能区上安装传感器、传输模块、传输网关、控制器，如图 7-6 所示。

图 7-6　在门禁功能区安装设备

（6）通过下方的线缆将设备连接在一起。传感器与传输模块通过串行总线连接，传输模块与控制器通过串行总线连接，控制器与警报器通过控制总线相连，WiFi 传输模块与 WiFi 网关通过 WiFi 连接，WiFi 网关通过 WiFi 与信息中心的路由器相连，如图 7-7 所示。

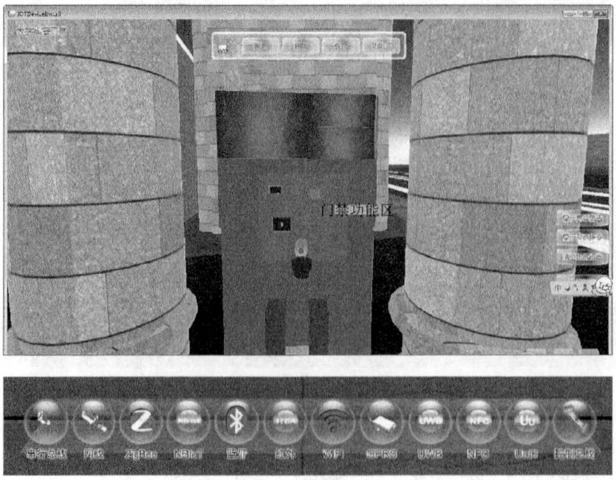

图 7-7　连接设备

（7）在信息中心区安装路由器、云端服务器、手机终端并相互连线，如图 7-8 所示。

图 7-8　在信息中心区安装设备并相互连线

3. 系统调试步骤

给安装的设备进行数据配置，步骤如下：

（1）监控识别摄像头参数信息配置：总线类型为 UART；总线速率为 1024 kbits/s，如图 7-9 所示。

图 7-9　监控识别摄像头的配置

（2）控制器控制参数配置：总线类型为 UART；总线速率为 1024 kbits/s，如图 7-10 所示。

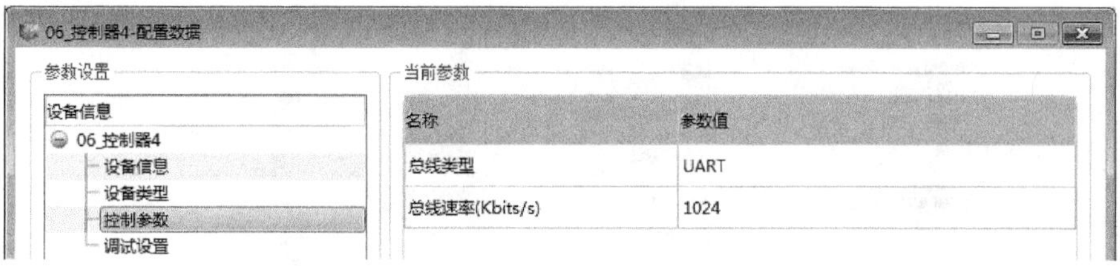

图 7-10　控制器控制参数配置

（3）蓝牙传输模块传输参数配置：总线类型为 UART；总线速率为 1024 kbits/s；加密

开关为开；网络密钥为 101，如图 7-11 所示。

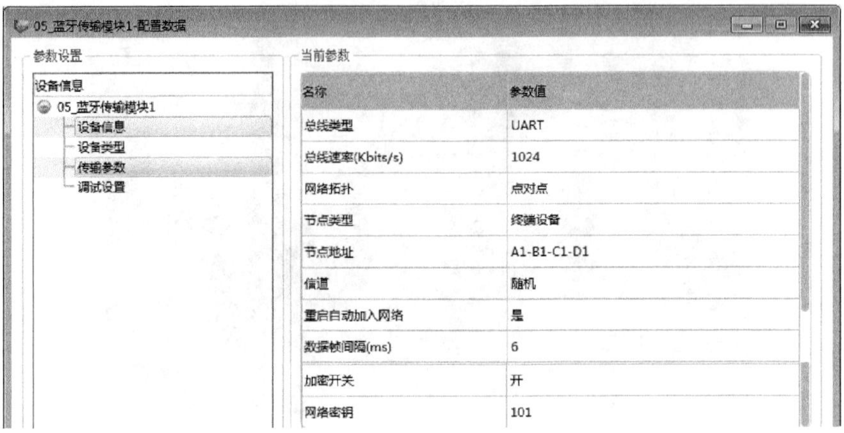

图 7-11　蓝牙传输模块传输参数配置

(4) 蓝牙网关节点集 0 配置（单击鼠标右键创建编号 0）：SN 码和节点地址为与之互联的传输模块对应的信息，如图 7-12 所示。

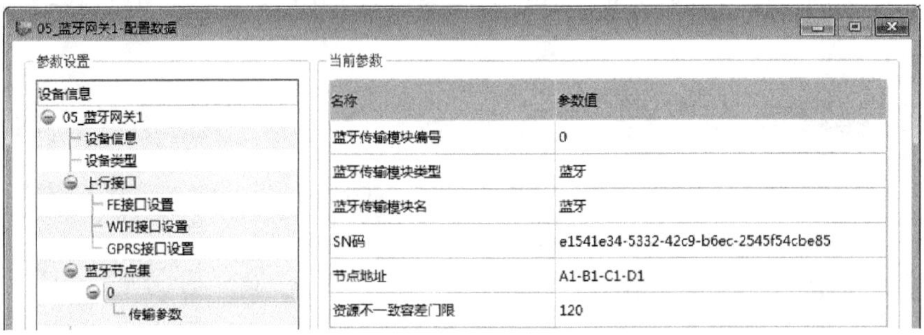

图 7-12　蓝牙网关节点集 0 配置

(5) 蓝牙网关传输参数配置：网络拓扑为点对点；节点类型为网关设备，如图 7-13 所示。

图 7-13　蓝牙网关传输参数配置

(6) 蓝牙网关上行接口 FE 接口设置：端口模式为 tag；IP 地址为 1. 1. 1. 1；子网掩码

为 255. 255. 0. 0；网关为 1. 1. 2. 1；VLAN 为 1，如图 7-14 所示。

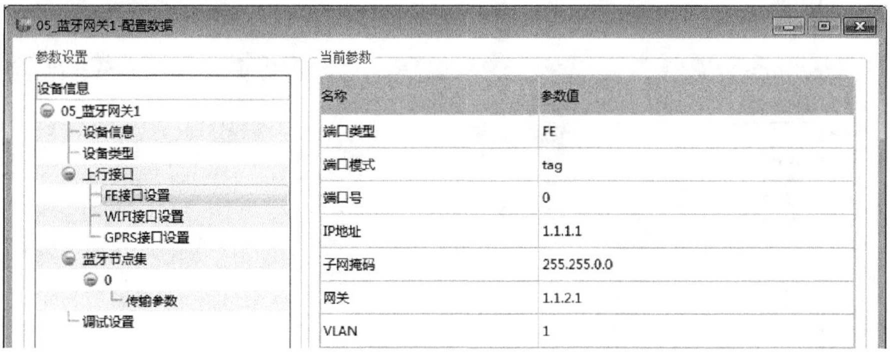

图 7-14　蓝牙网关上行接口 FE 接口设置

（7）路由器端口 0 配置：端口模式为 untag；对端设备 SN 码为与之互联的网关设备的 SN 码信息；IP 地址为 1. 1. 2. 2；子网掩码为 255. 255. 0. 0；VLAN 为空，如图 7-15 所示。

图 7-15　路由器端口 0 配置

（8）路由器端口 1 配置：端口模式为 untag；对端设备 SN 码为与之互联的服务器设备的 SN 码信息；IP 地址为 1. 1. 2. 1；子网掩码为 255. 255. 0. 0；VLAN 为空（因为服务器不具备 VLAN 功能），如图 7-16 所示。

图 7-16　路由器端口 1 配置

（9）路由器 WiFi 参数配置：SSID 名为 comway（任意非中文字符均可）；网络密钥为 101，如图 7-17 所示。

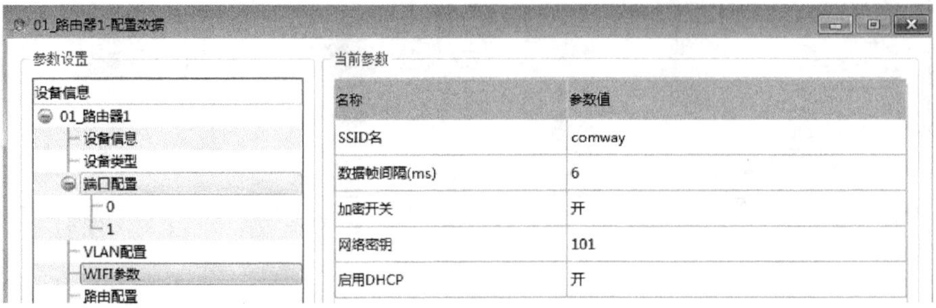

图 7-17　路由器 WiFi 参数配置

（10）云端服务器网卡 FE0 配置：IP 地址为 1. 1. 1. 2；子网掩码为 255. 255. 0. 0；网关为 1. 1. 2. 2，如图 7-18 所示。

图 7-18　云端服务器网卡 FE0 配置

（11）云端服务器应用终端节点集 0 配置（单击鼠标右键添加编号 0）：应用终端类型为手机；SN 码为手机的 SN 码信息；用户名为 101；密码为 101，如图 7-19 所示。

图 7-19　云端服务器应用终端节点集 0 配置

（12）手机 WiFi 接口设置：SSID 名为 comway；网络密钥为 101（与路由器 WiFi 信息保持一致），如图 7-20 所示。

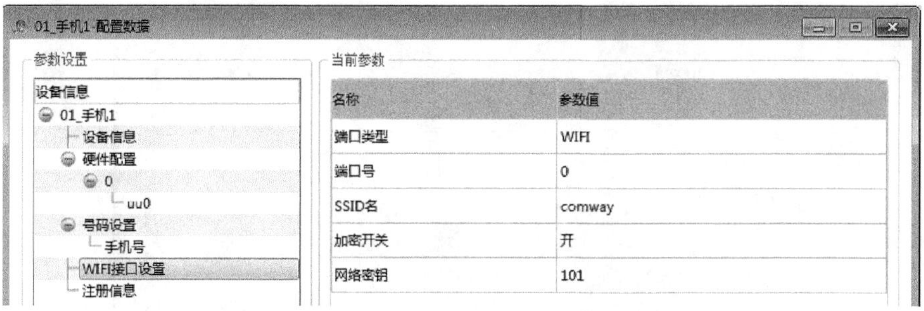

图 7-20　手机 WiFi 接口配置

（13）手机注册信息配置：用户名为 101；密码为 101（连接服务器上的应用时登录），如图 7-21 所示。

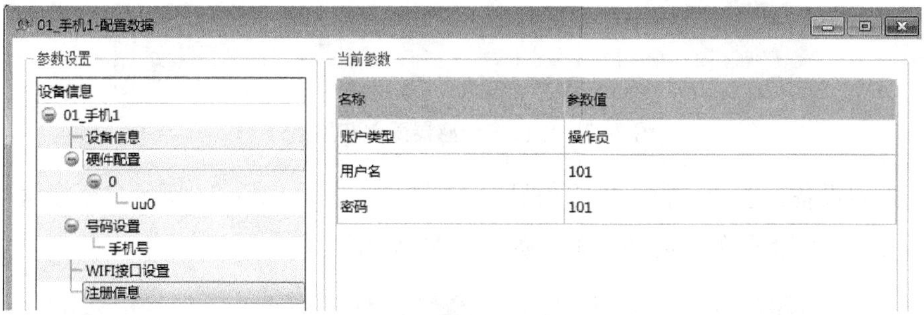

图 7-21　手机注册信息配置

四、实验结果

（1）给图像传感器配置初始信号，加入函数波形。

图像传感器需要控制两个变量，即方位角和俯仰角。其中，数据类型都设置为模拟量，方位角的数值分布模型选为线性分布模型，俯仰角的数值分布模型选为常量分布模型，如图 7-22 所示。点击“生成数据”按钮后可以看到生成的函数模型。

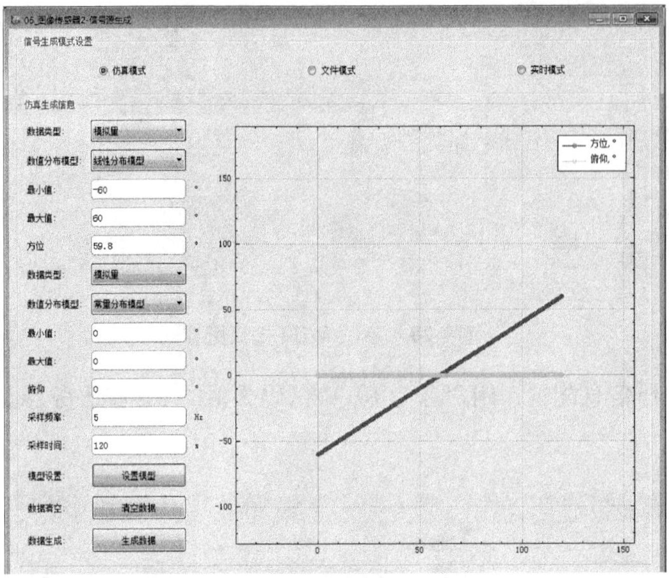

图 7-22　给图像传感器配置初始信号

（2）开启设备，进行实验。模拟信号的实时信息显示如图 7-23 所示，模拟信号经过抽样量化转化为数字信号的实时信息显示如图 7-24 所示。

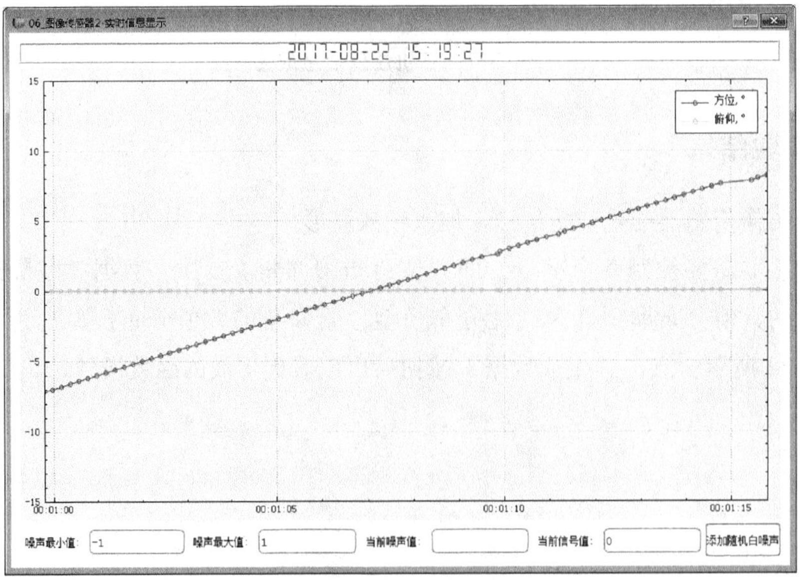

图 7-23　模拟信号的实时信息显示

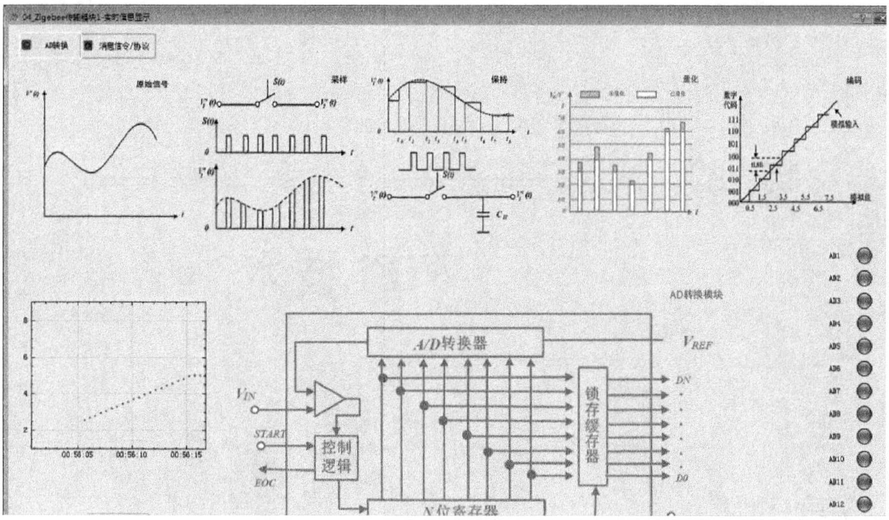

图 7-24　模拟信号经过抽样量化转化为数字信号的实时信息显示

（3）手机验证。通过虚拟场景中的手机对图像传感器的方位和俯仰角度进行控制，如图 7-25 所示。

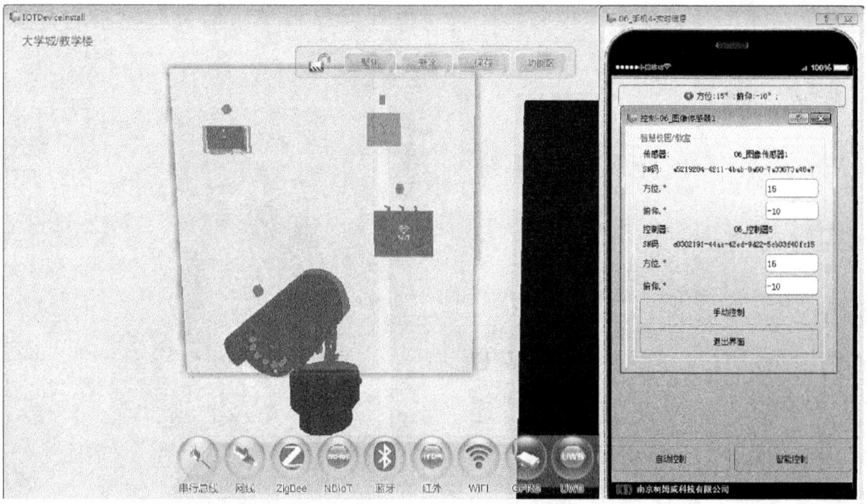

图 7-25　图像传感器的方位和俯仰角度控制

五、实验报告要求

（1）利用图像传感器和 WiFi 模块，通过近场通信技术实现对监控摄像头的智能控制。

（2）在不同方位、俯仰角模拟信号的输入下，记录摄像头拍摄结果。

实验八 WiFi 技术

一、实验目的

（1）掌握 WiFi 传输模块及 WiFi 网关的基础知识；

（2）理解 WiFi 传输模块及 WiFi 网关的工作过程；

（3）了解 WiFi 传输模块及 WiFi 网关在移动互联网中的搭建方法；

（4）掌握在停车场场景中实现二维码传感器对共享单车租借过程控制的方法。

二、实验仪器

Com-Way 移动互联创新开发仿真系统。

三、实验内容

1. 数据配置

二维码传感器通过串行总线连接 WiFi 传输模块；WiFi 传输模块通过串行总线连接控制器，通过 WiFi 连接 WiFi 网关；控制器通过控制总线连接场景中的显示设备；WiFi 网关通过网线与信息中心的路由器相连；同时，路由器通过网线连接云端服务器，通过 WiFi 连接手机，如图 8-1 所示。

具体参数配置见表 8-1 至表 8-8。

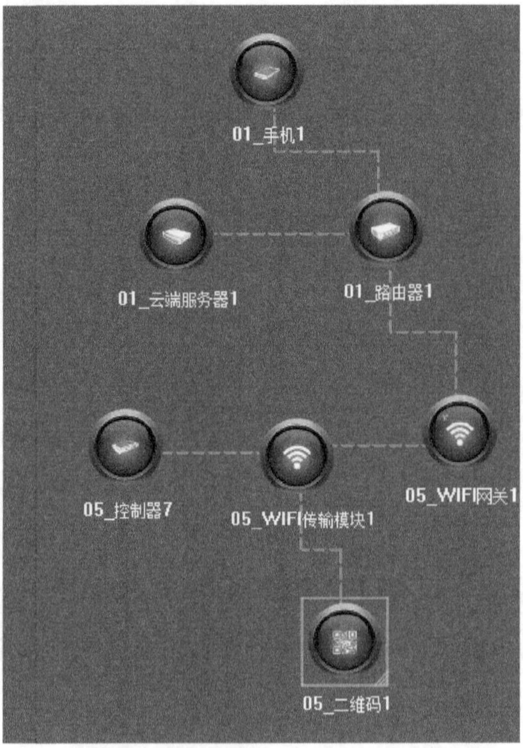

图 8-1 WiFi 技术实验原理示意图

表 8-1　传感器参数配置

主要数据	参数名称	参数值
设备信息	SN 码	自动生成
	设备类型	自动生成
参数信息	总线速率/(kbits/s)	1024

表 8-2　控制器参数配置

主要数据	参数名称	参数值
控制参数	总线速率/(kbits/s)	1024

表 8-3　传输模块与网关参数配置

WiFi 传输模块（A）			WiFi 网关（B）		
主要数据	参数名称	参数值	主要数据	参数名称	参数值
设备信息	SN 码	自动生成	WiFi 节点集/0	SN 码	与 A 中生成的 SN 码一致
传输参数	MAC 地址	A1-B1-C1-D1		MAC 地址	A1-B1-C1-D1
	总线速率/(kbits/s)	1024			
	网络拓扑	点对点	传输参数	网络拓扑	点对点
	节点类型	终端设备		节点类型	网关设备
	重启自动加入网络	是		重启自动加入网络	是
	网络密钥	101		网络密钥	101

表 8-4　传输网关与路由器参数配置

WiFi 网关（A）			路由器（B）		
主要数据	参数名称	参数值	主要数据	参数名称	参数值
设备信息	SN 码	自动生成	端口配置/0	对端设备 SN 码	与 A 中生成的 SN 码一致
上行接口/FE 接口设置	IP 地址	1.1.1.1		IP 地址	1.1.2.1
	子网掩码	255.255.0.0		子网掩码	255.255.0.0
	网关	1.1.2.1			
	VLAN	1		VLAN	1
	端口模式	tag		端口模式	tag

表 8-5　云端服务器与路由器参数配置

云端服务器（A）			路由器（B）		
主要数据	参数名称	参数值	主要数据	参数名称	参数值
设备信息	SN 码	自动生成	端口配置/1	对端设备 SN 码	与 A 中生成的 SN 码一致
硬件配置/网卡 0/FE0	IP 地址	1.1.1.2		IP 地址	1.1.2.2
	子网掩码	255.255.0.0		子网掩码	255.255.0.0
	网关	1.1.2.2		端口模式	untag

表 8-6　手机与路由器参数配置

手机（A）			路由器（B）		
主要数据	参数名称	参数值	主要数据	参数名称	参数值
WiFi 接口设置	SSID 名	comway	WiFi 参数	SSID 名	comway
	网络密钥	101		网络密钥	101

表 8-7　手机与云端服务器参数配置

手机（A）			云端服务器（B）		
主要数据	参数名称	参数值	主要数据	参数名称	参数值
设备信息	设备类型	手机	应用终端节点集/0	应用端类型	手机
	SN 码	自动生成		SN 码	与 A 中生成的 SN 码一致
注册信息	用户名	101		用户名	101
	密码	101		密码	101

表 8-8　传感器与云端服务器参数配置

二维码传感器（A）			云端服务器（B）		
主要数据	参数名称	参数值	主要数据	参数名称	参数值
设备信息	设备类型	姿态传感器	传感器节点集/0	传感器类型	二维码传感器
	SN 码	自动生成		SN 码	与 A 中生成的 SN 码一致

2. 设备安装步骤

（1）参见实验一中“2. 设备安装步骤”的（1）~（5），在图 8-2 所示的主场景登录界面选择“智慧校园”主场景。

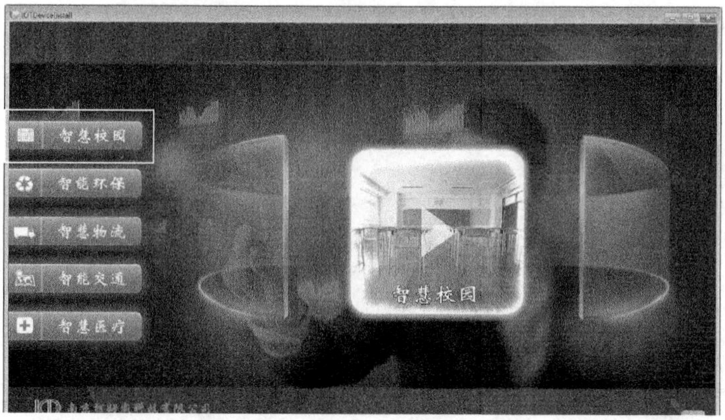

图 8-2　主场景登录界面

（2）进入智慧校园主场景，如图 8-3 所示。

图 8-3　智慧校园主场景

（3）进入智慧校园中的停车场小场景，如图 8-4 所示。

图 8-4　智慧校园中的停车场小场景

（4）找到借车功能区进行设备安装，如图 8-5 所示。

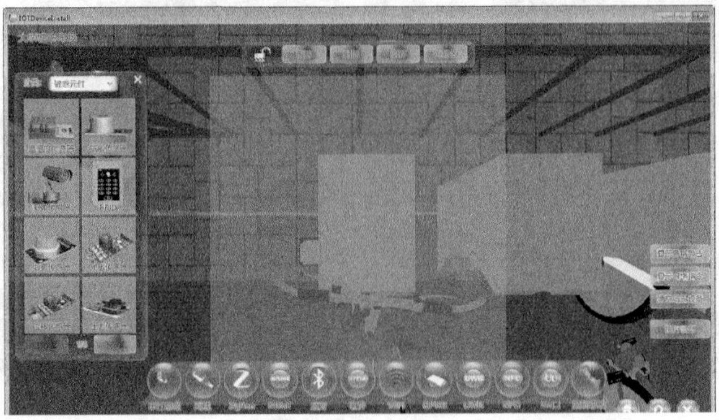

图 8-5　找到借车功能区进行设备安装

（5）在功能区安装传感器、传输模块、传输网关、控制器，如图 8-6 所示。

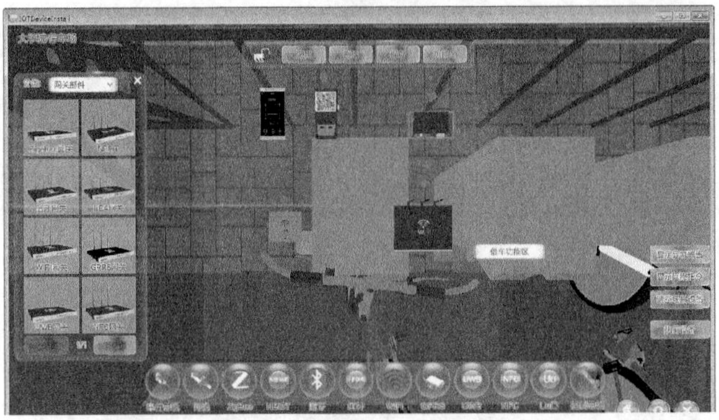

图 8-6　在功能区安装设备

（6）通过线缆将设备连接在一起。传感器与传输模块通过串行总线连接，传输模块与控制器通过串行总线连接，控制器与显示设备通过控制总线相连，WiFi 传输模块与 WiFi 网关通过 WiFi 的连接线连接，WiFi 网关通过网线与信息中心的路由器相连，如图 8-7 所示。

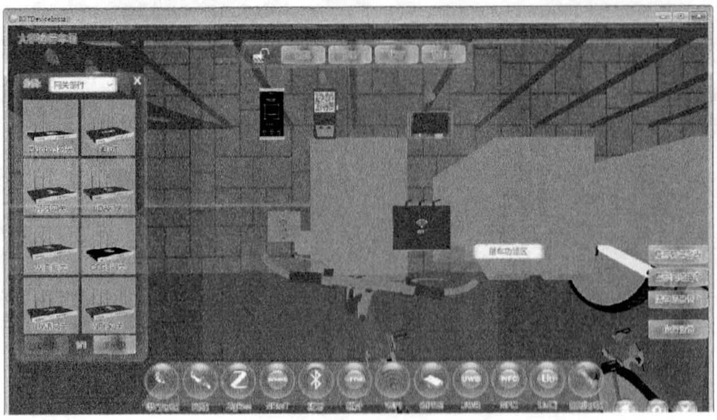

图 8-7　连接设备

（7）在信息中心中安装路由器、云端服务器、手机终端，并相互连线，如图 8-8 所示。

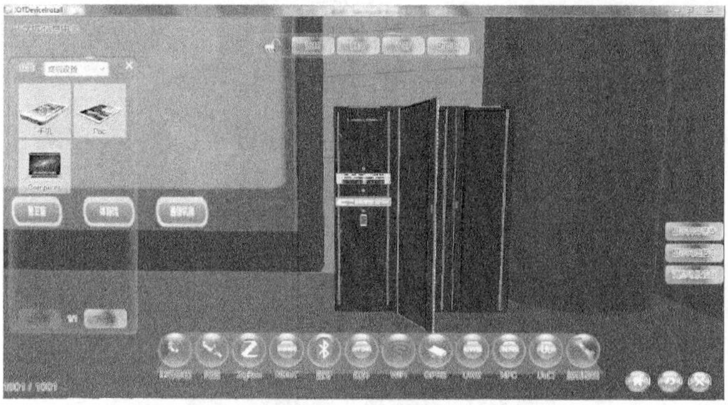

图 8-8　在信息中心中安装设备并相互连线

3. 系统调试步骤

对安装的设备进行数据配置，步骤如下：

（1）二维码传感器参数信息配置：总线类型为 UART；总线速率为 1024 kbits/s，如图 8-9 所示。

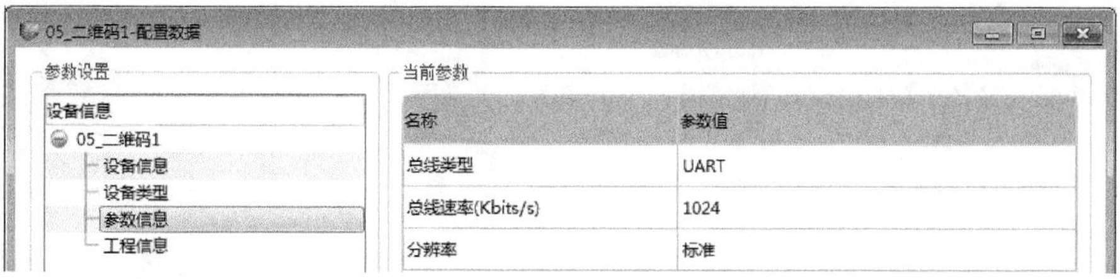

图 8-9　二维码传感器参数信息配置

（2）控制器控制参数配置：总线类型为 UART；总线速率为 1024 kbits/s，如图 8-10 所示。

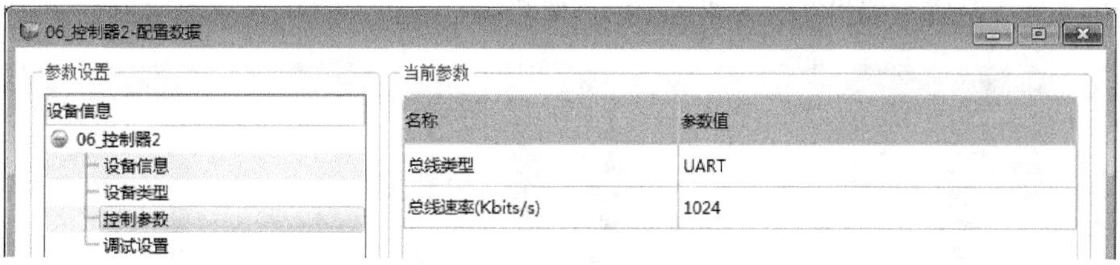

图 8-10　控制器控制参数配置

（3）WiFi 传输模块传输参数配置：总线类型为 UART；总线速率为 1024 kbits/s，如图 8-11 所示。

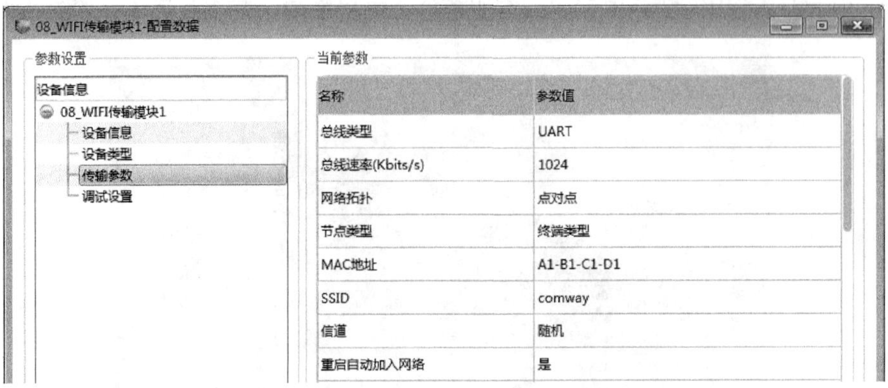

图 8-11　传输模块传输参数配置

（4）WiFi 网关传输参数配置：网络拓扑为点对点；节点类型为网关设备，如图 8-12 所示。

图 8-12　WiFi 网关传输参数配置

（5）WiFi 网关 WiFi 节点集 0 配置（单击鼠标右键创建编号 0）：SN 码和 MAC 地址为与之互联的传输模块对应的信息，如图 8-13 所示。

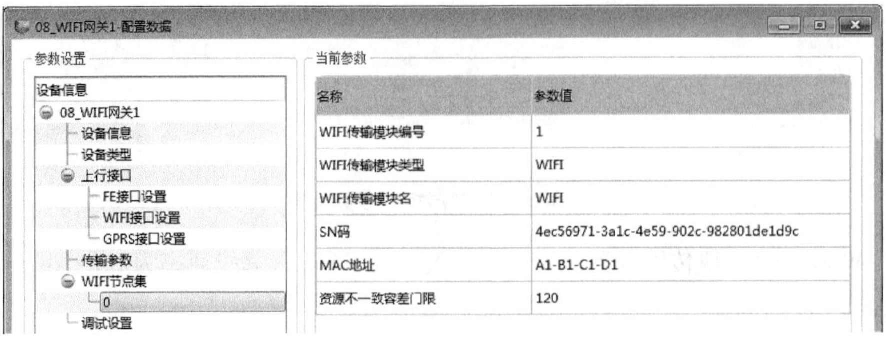

图 8-13　WiFi 网关 WiFi 节点集 0 配置

（6）WiFi 网关上行接口 FE 接口设置：端口模式为 tag；IP 地址为 1. 1. 1. 1；子网掩码

为 255. 255. 0. 0；网关为 1. 1. 2. 1；VLAN 为 1，如图 8-14 所示。

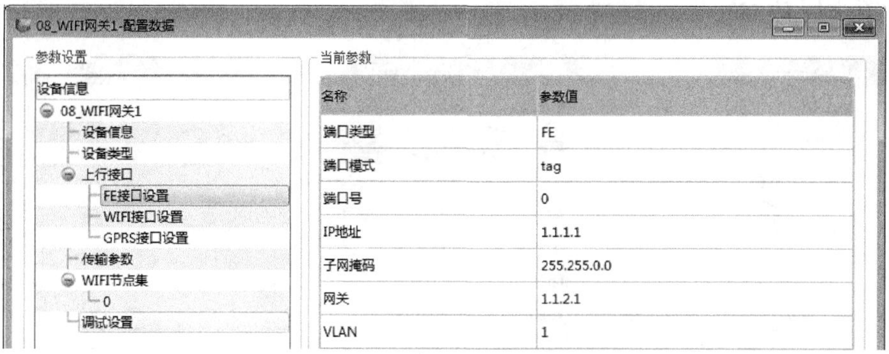

图 8-14　WiFi 网关 FE 接口设置

（7）路由器端口 0 配置：端口模式为 tag；对端设备 SN 码为与之互联的网关设备的 SN 码信息；IP 地址为 1. 1. 2. 1；子网掩码为 255. 255. 0. 0；VLAN 为 1，如图 8-15 所示。

图 8-15　路由器端口 0 配置

（8）路由器端口 1 配置：端口模式为 untag；对端设备 SN 码为与之互联的服务器设备的 SN 码信息；IP 地址为 1. 1. 2. 2；子网掩码为 255. 255. 0. 0；VLAN 为空（因为服务器不具备 VLAN 功能），如图 8-16 所示。

图 8-16　路由器端口 1 配置

（9）路由器 WiFi 参数配置：SSID 名为 comway（任意非中文字符均可）；网络密钥为 101，如图 8-17 所示。

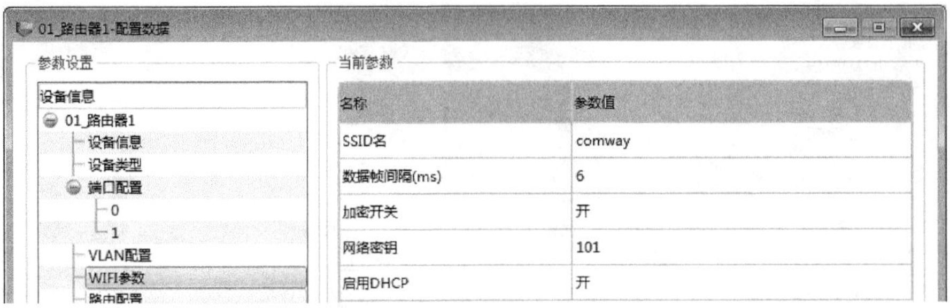

图 8-17　路由器 WiFi 参数配置

（10）云端服务器网卡 FE0 配置：IP 地址为 1. 1. 1. 2；子网掩码为 255. 255. 0. 0；网关为 1. 1. 2. 2，如图 8-18 所示。

图 8-18　云端服务器网卡 FE0 配置

（11）云端服务器传感器节点集 0 配置（单击鼠标右键创建编号 0）：传感器类型为二维码；SN 码为传感器类型所选的传感器的 SN 码信息，如图 8-19 所示。

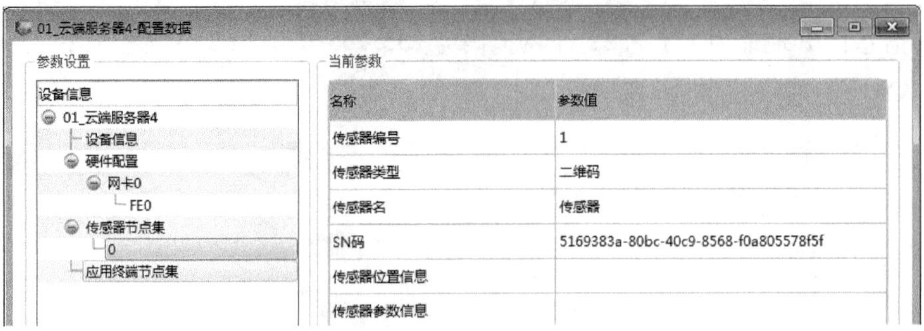

图 8-19　云端服务器传感器节点集 0 配置

（12）云端服务器应用终端节点集 0 配置（单击鼠标右键添加编号 0）：应用终端类型为手机；SN 码为手机的 SN 码信息；用户名为 101；密码为 101，如图 8-20 所示。

图 8-20　云端服务器应用终端节点集 0 配置

（13）手机 WiFi 接口设置：SSID 名为 comway；网络密钥为 101（与路由器 WiFi 信息保持一致），如图 8-21 所示。

图 8-21　手机 WiFi 接口设置配置

（14）手机注册信息配置：用户名为 101；密码为 101（用于连接服务器的应用登录），如图 8-22 所示。

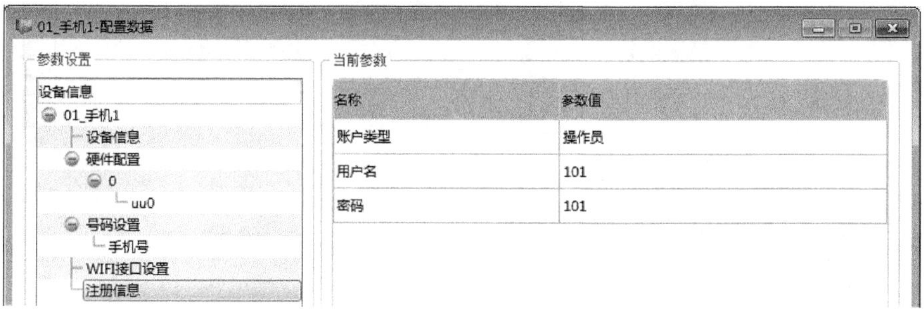

图 8-22　手机注册信息配置

四、实验结果

（1）给二维码传感器配置初始信号，加入函数波形。

数据类型选择开关量；数值分布模型选择方波分布模型；最大值和最小值根据场景中的执行机构大小而设定，点击“生成数据”按钮即可看到根据函数所设定的模拟量模型，如图 8-23 所示。

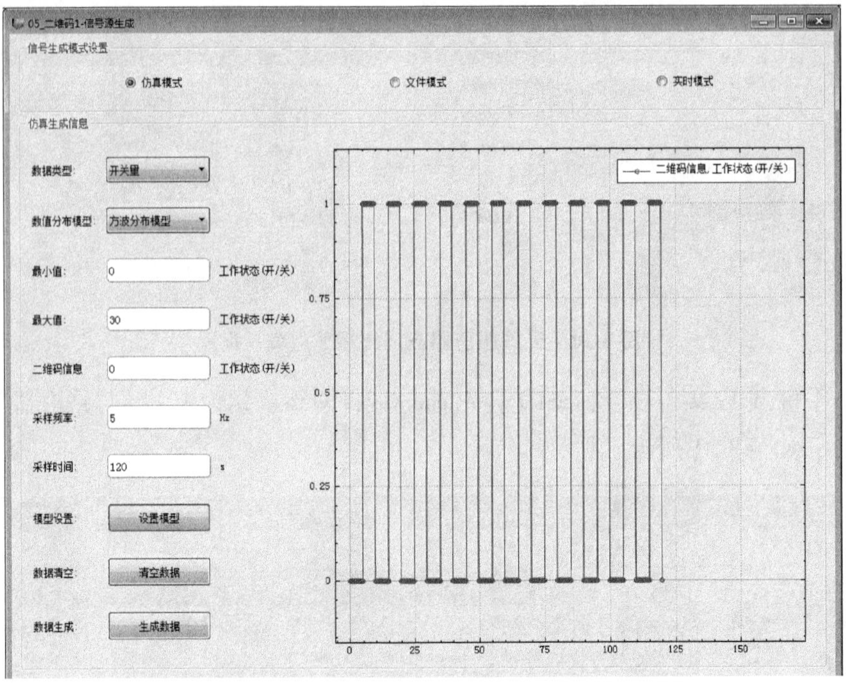

图 8-23　给二维码传感器配置初始信号

（2）开启设备，进行实验。模拟信号的实时信息显示如图 8-24 所示，模拟信号经过抽样量化转化为数字信号的实时信息显示如图 8-25 所示。

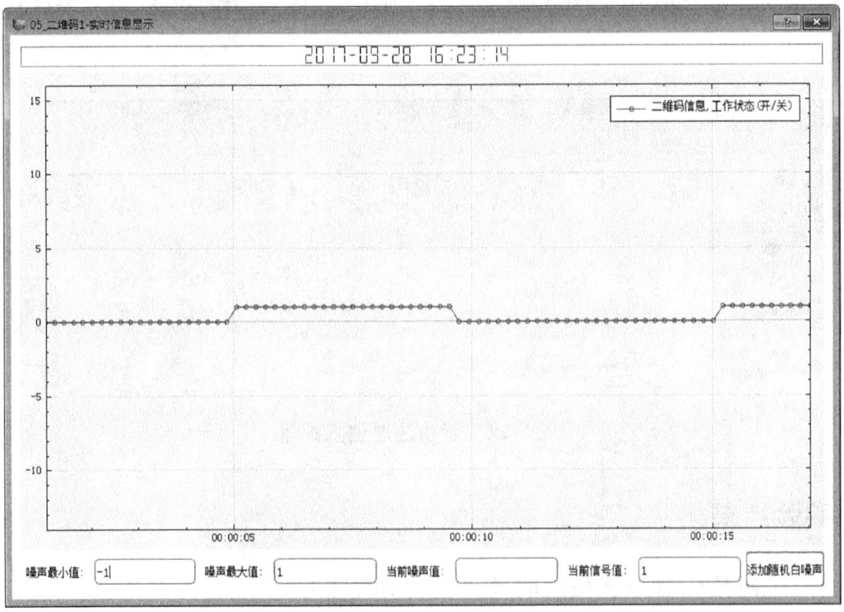

图 8-24　模拟信号的实时信息显示

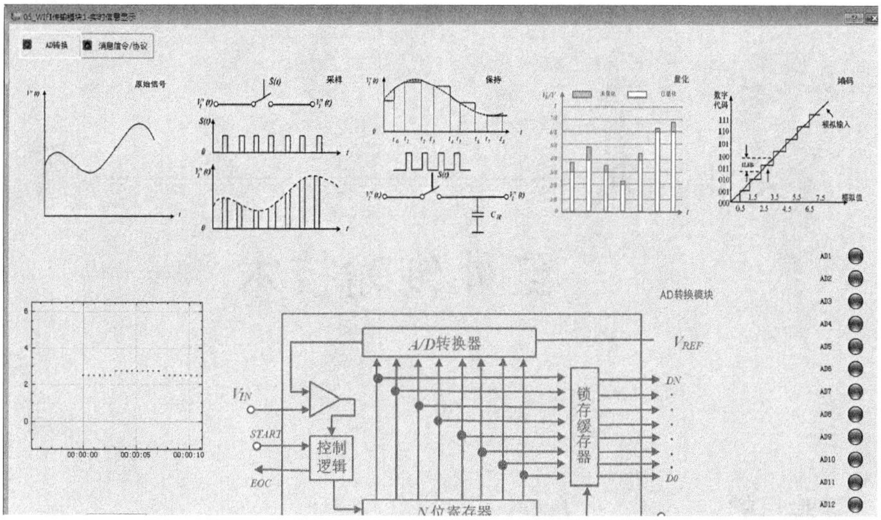

图 8-25　模拟信号经过抽样量化转化为数字信号的实时信息显示

（3）手机验证。通过虚拟场景中的手机对二维码传感器的环境变量进行控制，如图 8-26 所示。

图 8-26　对二维码传感器的环境变量控制

五、实验报告要求

（1）利用 WiFi 传输模块、网关与二维码传感器，通过近场通信技术实现在智慧校园停车场内对共享单车的智能控制。

（2）在全网仿真模式下分别用自动控制模式和手动控制模式改变二维码传感器的输入信号，并记录停车场场景内共享单车开关锁的情况。

实验九

红外传输技术

一、实验目的

（1）掌握红外传输模块及红外网关的基础知识；

（2）理解红外传输模块及红外网关的工作过程；

（3）了解红外传输模块及红外网关在移动互联网中的搭建方法；

（4）掌握通过红外传输模块及红外网关，实现停车场场景中超声波传感器对测距汽车的智能监控与自动控制的方法。

二、实验仪器

Com-Way 移动互联创新开发仿真系统。

三、实验内容

1. 数据配置

超声波传感器通过串行总线连接红外通信模块；红外通信模块通过串行总线连接控制器，通过红外连接红外网关；控制器通过控制总线连接场景中的显示设备；红外网关通过网线与信息中心的路由器相连；同时，路由器通过网线连接云端服务器，通过 WiFi 连接手机，如图 9-1 所示。

具体的参数配置见表 9-1 至表 9-8。

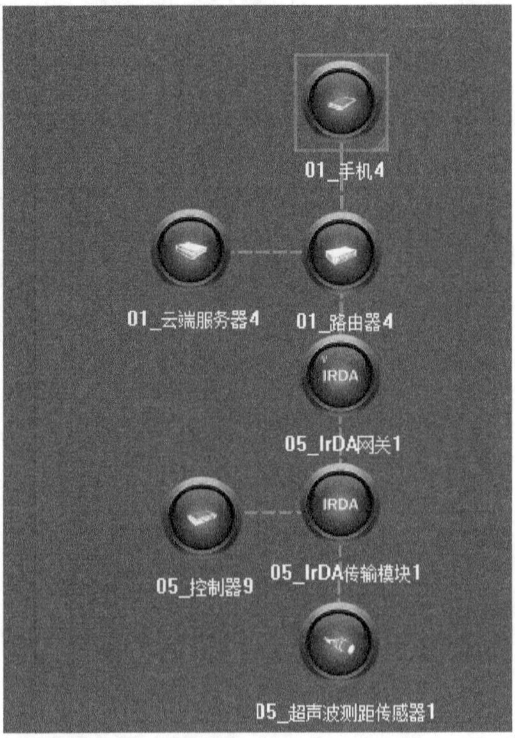

图 9-1　红外传输技术实验原理示意图

表 9-1　传感器参数配置

<table>
<tr><th>主要数据</th><th>参数名称</th><th>参数值</th></tr>
<tr><td rowspan="2">设备信息</td><td>SN 码</td><td>自动生成</td></tr>
<tr><td>设备类型</td><td>自动生成</td></tr>
<tr><td>参数信息</td><td>总线速率/(kbits/s)</td><td>1024</td></tr>
</table>

表 9-2　控制器参数配置

主要数据	参数名称	参数值
控制参数	总线速率/(kbits/s)	1024

表 9-3　传输模块与网关参数配置

<table>
<tr><th colspan="3">红外传输模块（A）</th><th colspan="3">红外网关（B）</th></tr>
<tr><th>主要数据</th><th>参数名称</th><th>参数值</th><th>主要数据</th><th>参数名称</th><th>参数值</th></tr>
<tr><td>设备信息</td><td>SN 码</td><td>自动生成</td><td rowspan="3">红外节点集/0</td><td>SN 码</td><td>与 A 中生成的 SN 码一致</td></tr>
<tr><td rowspan="5">传输参数</td><td>节点地址</td><td>A1-B1-C1-D1</td><td rowspan="2">节点地址</td><td rowspan="2">A1-B1-C1-D1</td></tr>
<tr><td>总线速率/(kbits/s)</td><td>1024</td></tr>
<tr><td>网络拓扑</td><td>点对点</td><td rowspan="3">红外节点集/0/传输参数</td><td>网络拓扑</td><td>点对点</td></tr>
<tr><td>节点类型</td><td>终端设备</td><td>节点类型</td><td>网关设备</td></tr>
<tr><td>重启自动加入网络</td><td>是</td><td>重启自动加入网络</td><td>是</td></tr>
</table>

表 9-4　传输网关与路由器参数配置

<table>
<tr><th colspan="3">红外网关（A）</th><th colspan="3">路由器（B）</th></tr>
<tr><th>主要数据</th><th>参数名称</th><th>参数值</th><th>主要数据</th><th>参数名称</th><th>参数值</th></tr>
<tr><td>设备信息</td><td>SN 码</td><td>自动生成</td><td rowspan="6">端口配置/0</td><td>对端设备 SN 码</td><td>与 A 中生成的 SN 码一致</td></tr>
<tr><td rowspan="5">上行接口/FE 接口设置</td><td>IP 地址</td><td>1.1.1.1</td><td>IP 地址</td><td>1.1.2.1</td></tr>
<tr><td>子网掩码</td><td>255.255.0.0</td><td rowspan="2">子网掩码</td><td rowspan="2">255.255.0.0</td></tr>
<tr><td>网关</td><td>1.1.2.1</td></tr>
<tr><td>VLAN</td><td>1</td><td>VLAN</td><td>1</td></tr>
<tr><td>端口模式</td><td>tag</td><td>端口模式</td><td>tag</td></tr>
</table>

表 9-5　云端服务器与路由器参数配置

云端服务器（A）			路由器（B）		
主要数据	参数名称	参数值	主要数据	参数名称	参数值
设备信息	SN 码	自动生成	端口配置/1	对端设备 SN 码	与 A 中生成的 SN 码一致
硬件配置/网卡 0/FE0	IP 地址	1.1.1.2		IP 地址	1.1.2.2
	子网掩码	255.255.0.0		子网掩码	255.255.0.0
	网关	1.1.2.2		端口模式	untag

表 9-6　手机与路由器参数配置

手机（A）			路由器（B）		
主要数据	参数名称	参数值	主要数据	参数名称	参数值
WiFi 接口设置	SSID 名	comway	WiFi 参数	SSID 名	comway
	网络密钥	101		网络密钥	101

表 9-7　手机与云端服务器参数配置

手机（A）			云端服务器（B）		
主要数据	参数名称	参数值	主要数据	参数名称	参数值
设备信息	设备类型	手机	应用终端节点集/0	应用端类型	手机
	SN 码	自动生成		SN 码	与 A 中生成的 SN 码一致
注册信息	用户名	101		用户名	101
	密码	101		密码	101

表 9-8　传感器与云端服务器参数配置

超声波传感器（A）			云端服务器（B）		
主要数据	参数名称	参数值	主要数据	参数名称	参数值
设备信息	设备类型	超声波传感器	传感器节点集/0	传感器类型	超声波传感器
	SN 码	自动生成		SN 码	与 A 中生成的 SN 码一致

2. 设备安装步骤

（1）参见实验一中“2. 设备安装步骤”的（1）~（5），在图 9-2 所示的主场景登录界面选择“智慧校园”主场景。

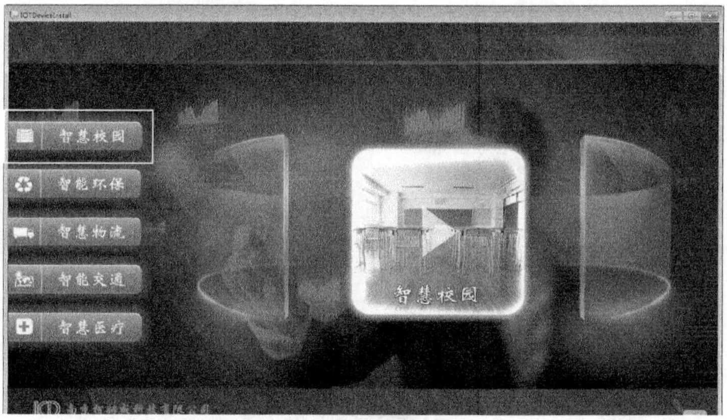

图 9-2　主场景登录界面

（2）进入智慧校园主场景，如图 9-3 所示。

图 9-3　智慧校园主场景

（3）进入智慧校园中的实验室小场景，如图 9-4 所示。

图 9-4　智慧校园中的实验室小场景

（4）找到测距功能区进行设备安装，如图 9-5 所示。

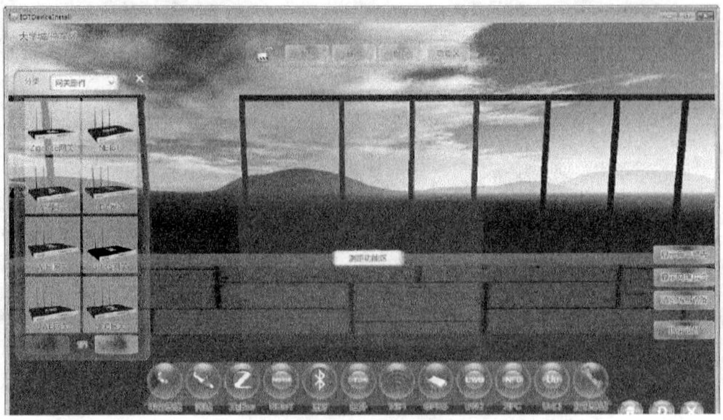

图 9-5　找到测距功能区进行设备安装

（5）在功能区安装传感器、传输模块、传输网关、控制器，如图 9-6 所示。

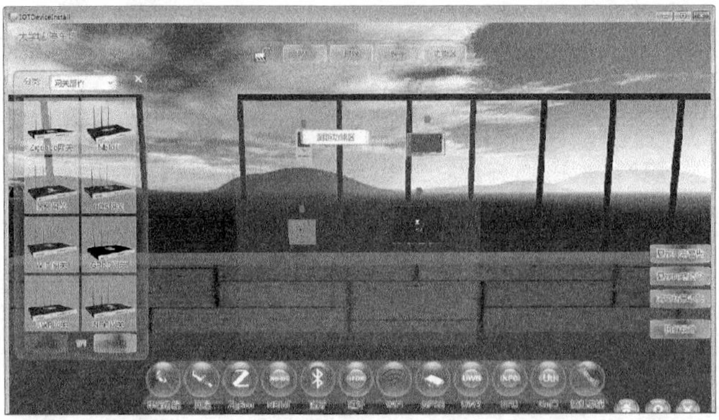

图 9-6　在功能区安装设备

（6）通过线缆将设备连接在一起。传感器与传输模块通过串行总线连接，传输模块与控制器通过串行总线连接，控制器与显示设备通过控制总线相连，红外传输模块与红外网关通过红外的连接线连接，红外网关通过网线与信息中心的路由器相连，如图 9-7 所示。

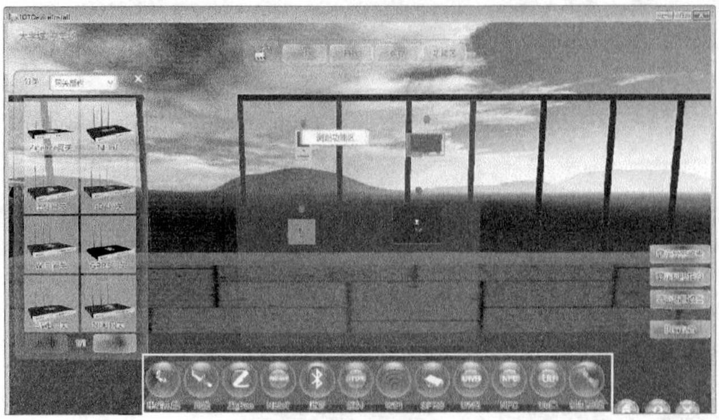

图 9-7　连接设备

（7）在信息中心中安装路由器、云端服务器、手机终端，并相互连线，如图 9-8 所示。

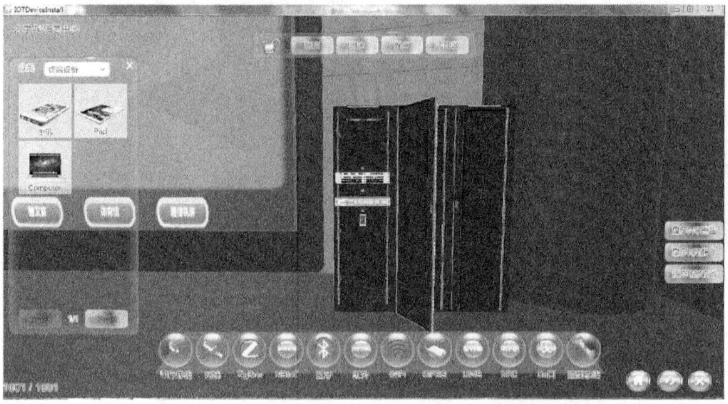

图 9-8　在信息中心中安装设备并相互连线

3. 系统调试步骤

对安装的设备进行数据配置，具体操作如下：

（1）超声波测距传感器参数信息配置：总线类型为 UART；总线速率为 1024 kbits/s，如图 9-9 所示。

图 9-9　超声波测距传感器参数配置

（2）控制器控制参数配置：总线类型为 UART；总线速率为 1024 kbits/s，如图 9-10 所示。

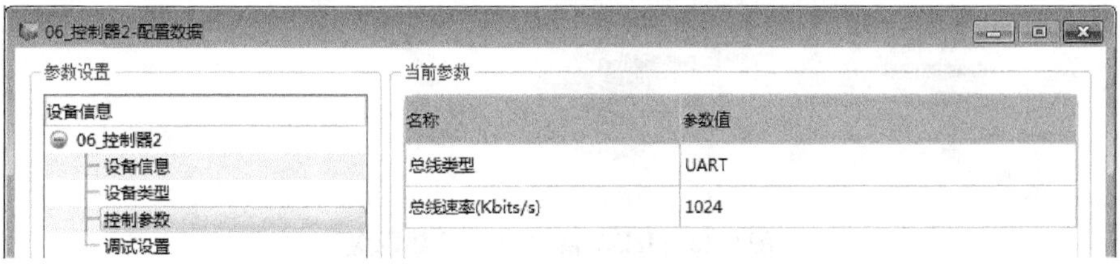

图 9-10　控制器控制参数配置

（3）传输模块传输参数配置：总线类型为 UART；总线速率为 1024 kbits/s，如图 9-11

所示。

图 9-11　传输模块传输参数配置

（4）IrDA 网关节点集 0 配置（单击鼠标右键创建编号 0）：SN 码和节点地址为与之互联的传输模块对应的信息，如图 9-12 所示。

图 9-12　IrDA 网关节点集 0 配置

（5）IrDA 网关传输参数配置：网络拓扑为点对点；节点类型为网关设备，如图 9-13 所示。

图 9-13　IrDA 网关传输参数配置

（6）IrDA 网关上行接口 FE 接口设置：端口模式为 tag；IP 地址为 1.1.1.1；子网掩码为 255.255.0.0；网关为 1.1.2.1；VLAN 为 1，如图 9-14 所示。

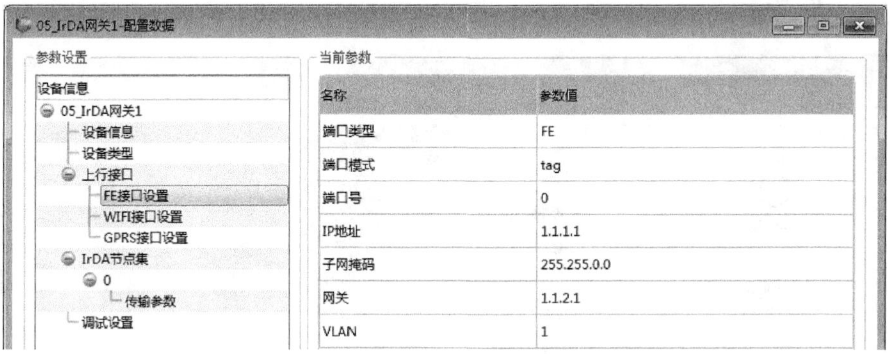

图 9-14　IrDA 网关上行接口 FE 接口设置

（7）路由器端口 0 配置：端口模式为 tag；对端设备 SN 码为与之互联的网关设备的 SN 码信息；IP 地址为 1. 1. 2. 1；子网掩码为 255. 255. 0. 0；VLAN 为 1，如图 9-15 所示。

图 9-15　路由器端口 0 配置

（8）路由器端口 1 配置：端口模式为 untag；对端设备 SN 码为与之互联的服务器设备的 SN 码信息；IP 地址为 1. 1. 2. 2；子网掩码为 255. 255. 0. 0；VLAN 为空（因为服务器不具备 VLAN 功能），如图 9-16 所示。

图 9-16　路由器端口 1 配置

（9）路由器 WiFi 参数配置：SSID 名为 comway（任意非中文字符均可）；网络密钥为

101，如图 9-17 所示。

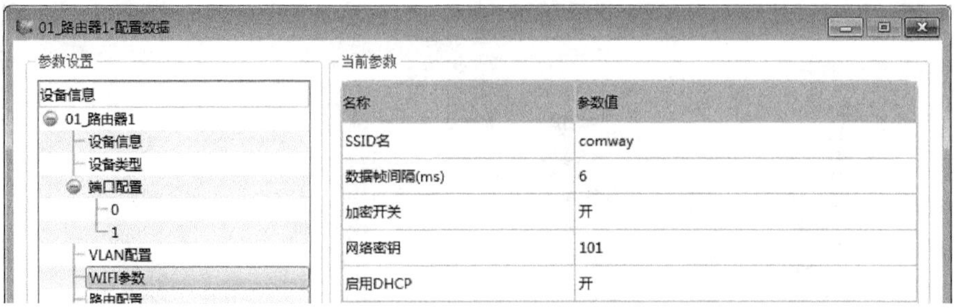

图 9-17　路由器 WiFi 参数配置

（10）云端服务器网卡 FE0 配置：IP 地址为 1. 1. 1. 2；子网掩码为 255. 255. 0. 0；网关为 1. 1. 2. 2，如图 9-18 所示。

图 9-18　云端服务器网卡 FE0 配置

（11）云端服务器传感器节点集 0 配置（单击鼠标右键创建编号 0）：传感器类型为超声波测距传感器；SN 码为传感器类型所选传感器的 SN 码信息，如图 9-19 所示。

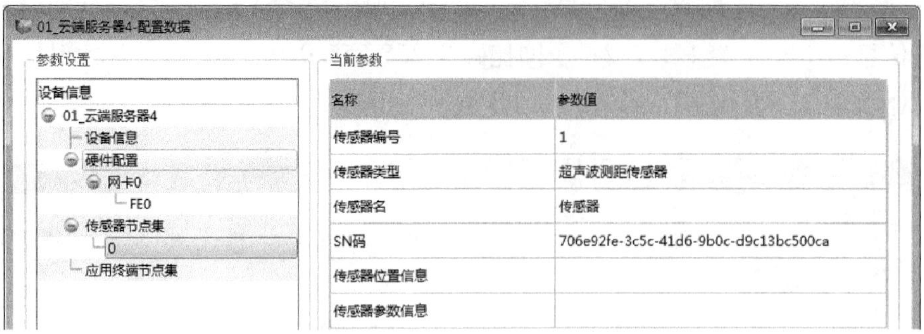

图 9-19　云端服务器传感器节点集 0 配置

（12）云端服务器应用终端节点集 0 配置（单击鼠标右键添加编号 0）：应用终端类型为手机；SN 码为手机的 SN 码信息；用户名为 101；密码为 101，如图 9-20 所示。

图 9-20　云端服务器应用终端节点集 0 配置

（13）手机 WiFi 接口设置：SSID 名为 comway；网络密钥为 101（与路由器 WiFi 信息保持一致），如图 9-21 所示。

图 9-21　手机 WiFi 接口设置

（14）手机注册信息配置：用户名为 101；密码为 101（用于连接服务器），如图 9-22 所示。

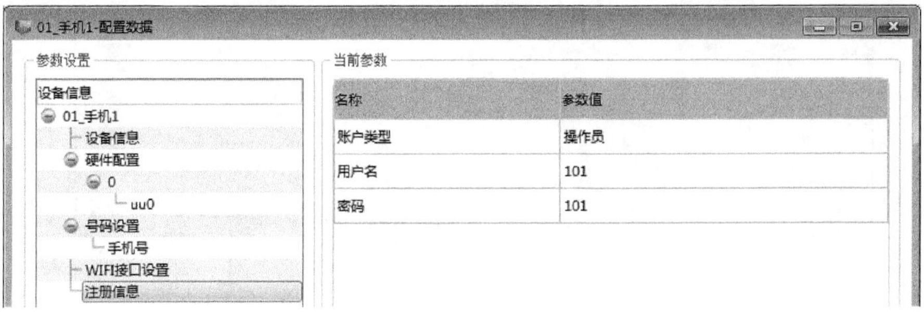

图 9-22　手机注册信息配置

四、实验结果

（1）给超声波测距传感器配置初始信号，加入函数波形。

数据类型选择模拟量；数值分布模型选择线性分布模型，最大值和最小值根据场景中的执行机构大小而设定，点击“生成数据”按钮即可看到根据函数所设定的模拟量模型，如图 9-23 所示。

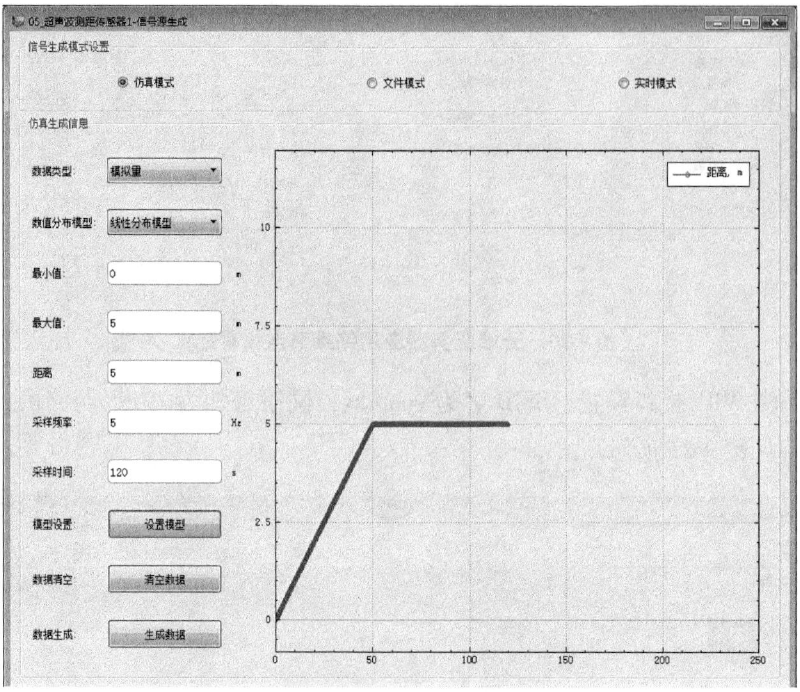

图 9-23　给超声波测距传感器配置初始信号

（2）开启设备，进行实验。模拟信号的实时信息显示如图 9-24 所示，模拟信号经过抽样量化转化为数字信号的实时信息显示如图 9-25 所示。

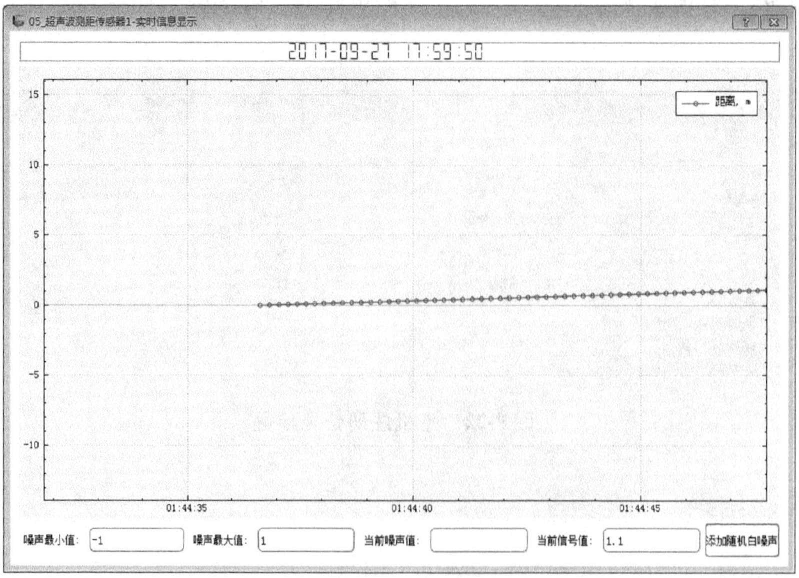

图 9-24　模拟信号的实时信息显示

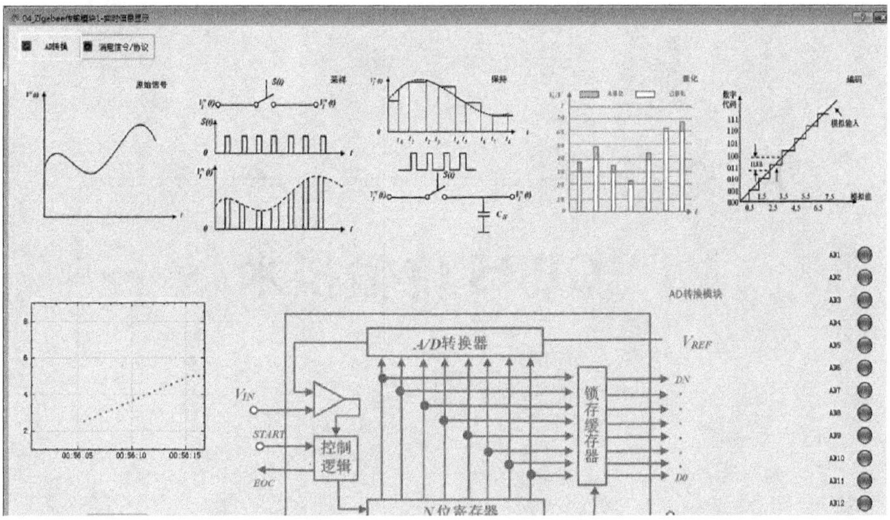

图 9-25　模拟信号经过抽样量化转化为数字信号的实时信息显示

（3）手机验证。通过虚拟场景中的手机对超声波测距传感器的环境变量进行控制，如图 9-26 所示。

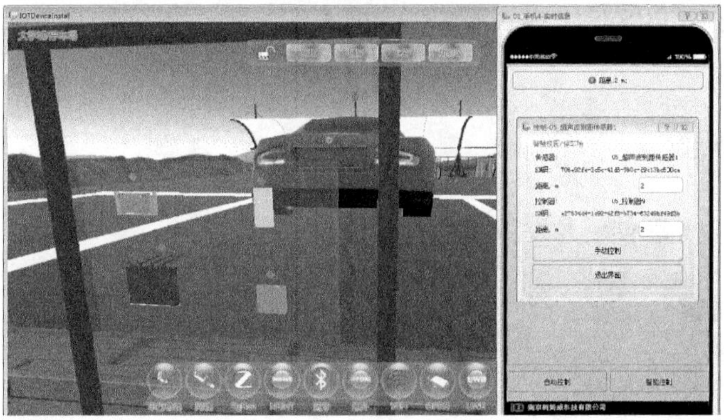

图 9-26　超声波测距传感器环境变量的控制

五、实验报告要求

（1）利用超声波测距传感器和红外模块，结合近场通信技术，实现对测距汽车的智能控制。

（2）在输入不同的环境模拟信号下，记录测距汽车的距离。

实验十 GPRS 传输技术

一、实验目的

（1）掌握 GPRS 传输模块及 GPRS 网关的基础知识；

（2）理解 GPRS 传输模块及 GPRS 网关的工作过程；

（3）了解 GPRS 传输模块及 GPRS 网关在移动互联网中的搭建方法；

（4）掌握通过 GPRS 传输模块及 GPRS 网关实现姿态传感器对无人机的智能监控的方法。

二、实验仪器

Com-Way 移动互联创新开发仿真系统。

三、实验内容

1. 数据配置

姿态传感器通过串行总线连接 GPRS 传输模块；GPRS 传输模块通过串行总线连接控制器，通过 GPRS 线缆连接 GPRS 网关；控制器通过控制总线连接场景中的无人机；GPRS 网关通过 uu 口与信息中心的 4G 基站相连；4G 基站通过网线连接 4G 核心网；4G 核心网通过网线连接路由器；同时，路由器通过网线连接云端服务器，手机通过 uu 口连接基站，如图 10-1 所示。

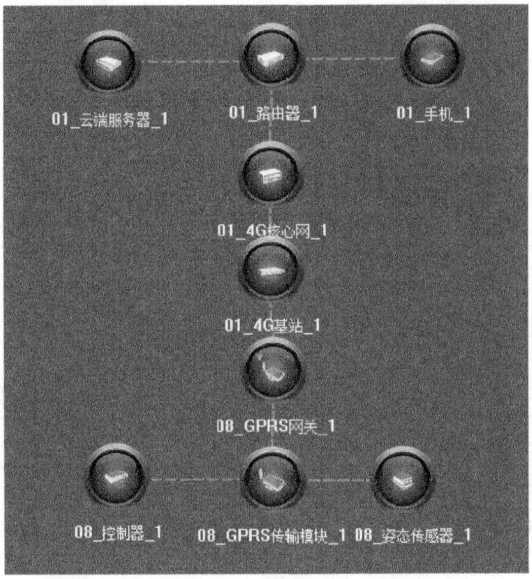

图 10-1　GPRS 传输技术实验原理示意图

具体参数配置见表 10-1 至表 10-10。

表 10-1　传感器参数配置

<table>
<tr><td>主要数据</td><td>参数名称</td><td>参数值</td></tr>
<tr><td rowspan="2">设备信息</td><td>SN 码</td><td>自动生成</td></tr>
<tr><td>设备类型</td><td>自动生成</td></tr>
<tr><td>参数信息</td><td>总线速率/(kbits/s)</td><td>1024</td></tr>
</table>

表 10-2　控制器参数配置

主要数据	参数名称	参数值
控制参数	总线速率/(kbits/s)	1024

表 10-3　传输模块与网关参数配置

<table>
<tr><td colspan="3">GPRS 传输模块（A）</td><td colspan="3">GPRS 网关（B）</td></tr>
<tr><td>主要数据</td><td>参数名称</td><td>参数值</td><td>主要数据</td><td>参数名称</td><td>参数值</td></tr>
<tr><td>设备信息</td><td>SN 码</td><td>自动生成</td><td rowspan="4">GPRS 节点集/0</td><td>SN 码</td><td>与 A 中生成的 SN 码一致</td></tr>
<tr><td rowspan="5">传输参数</td><td>NSIM 卡号</td><td>460001234567801</td><td>NSIM 卡号</td><td>460001234567801</td></tr>
<tr><td>用户号码</td><td>101</td><td rowspan="2">用户号码</td><td rowspan="2">101</td></tr>
<tr><td>总线速率/(kbits/s)</td><td>1024</td></tr>
<tr><td>网络拓扑</td><td>点对点</td><td rowspan="2">传输参数</td><td>网络拓扑</td><td>点对点</td></tr>
<tr><td>节点类型</td><td>终端设备</td><td>节点类型</td><td>网关设备</td></tr>
</table>

表 10-4　传输网关与核心网参数配置

GPRS 网关（A）			4G 核心网（B）		
主要数据	参数名称	参数值	主要数据	参数名称	参数值
上行接口/GPRS 接口设置	用户 IMSI 号	460001234567801	本局信息/PLMN 信息	用户 IMSI 号	460001234567801
	用户 ISDN 号	101		用户 ISDN 号	101

表 10-5　基站与核心网参数配置

4G 基站（A）		
主要数据	参数名称	参数值
硬件配置/板卡 0	板卡类型	UMPT
硬件配置/板卡 0/FE0	IP 地址	1.1.1.2
	子网掩码	255.255.0.0
	网关	1.1.1.1
硬件配置/板卡 1	板卡类型	LBBP
设备信息	SN 码	自动生成
局向配置/信令面	本端主用信令 IP	1.1.1.2
	主用信令 IP 的 IPSec 开关	ENABLE
	本端 SCTP 端口号	2804
	对端 IP 地址	1.1.1.1
	对端 SCTP 端口号	2804
局向配置/用户面	S1 业务 IP	1.1.1.1
	本端 IKE IP	1.1.1.2
	运营商索引值	1
无线资源配置	扇区	0
	扇区	1
	扇区	2
无限资源配置/小区配置/0	频带	38350
	上行频点	37350
	下行频点	38350

4G 核心网（B）			
主要数据	参数名称		参数值
硬件配置/板卡 0	板卡类型		eMPU
硬件配置/板卡 1	板卡类型		eCDB
硬件配置/板卡 2	板卡类型		eFEU
硬件配置/板卡 2/FE0	IP 地址		1.1.1.1
	子网掩码		255.255.0.0
	网关		1.1.2.1
硬件配置/板卡 3	板卡类型		eLPP
基站集/0	SN 码		与 A 中生成的 SN 码一致
基站集/0/SCTP 链路	本端主用信令 IP		1.1.1.1
	本端 SCTP 端口号		2804
	对端 IP 地址		1.1.1.2
	对端 SCTP 端口号		2804
基站集/居间链路/0	0	速率/kbps	64
		类型	默认操作系统维护
	1	速率/kbps	64
		类型	专用操作维护
	2	速率/kbps	64
		类型	S1 – AP 控制链路
	3	速率/kbps	102400
		类型	用户面 PDUs 链路
基站集/0/小区集/0	小区 ID		11

续表

4G 基站（A）			4G 核心网（B）		
主要数据	参数名称	参数值	主要数据	参数名称	参数值
无限资源配置/小区配置/1	频带	38350	基站集/0/小区集/0/载频集	主载频	38350
	上行频点	37350	基站集/0/小区集/0/邻区/0	小区 ID	12
	下行频点	38350	基站集/居间链路/0/邻区/1	小区 ID	13
无限资源配置/小区配置/2	频带	38350	基站集/0/小区集/1	小区 ID	12
	上行频点	37350	基站集/0/小区集/1/载频集	主载频	38350
	下行频点	38350	基站集/0/小区集/1/邻区/0	小区 ID	11
			基站集/0/小区集/1/邻区/1	小区 ID	13
			基站集/0/小区集/2	小区 ID	13
			基站集/0/小区集/2/载频集	主载频	38350
			基站集/0/小区集/2/邻区/0	小区 ID	11
			基站集/0/小区集/2/邻区/1	小区 ID	12
			用户配置/4G用户开户配置/0	用户 IMSI 号	460001234567801
				用户 ISDN 号	101

表 10-6　核心网与路由器参数配置

4G 核心网（A）			路由器（B）		
主要数据	参数名称	参数值	主要数据	参数名称	参数值
设备信息	SN 码	自动生成	端口配置/0	对端设备 SN 码	与 A 中生成的 SN 码一致
				端口模式	untag
硬件配置/板卡 0/FE0	IP 地址	1.1.1.1		IP 地址	1.1.2.1
	子网掩码	255.255.0.0		子网掩码	255.255.0.0
	网关	1.1.2.1			

表 10-7 云端服务器与路由器参数配置

云端服务器（A）			路由器（B）		
主要数据	参数名称	参数值	主要数据	参数名称	参数值
设备信息	SN 码	自动生成	端口配置/0	对端设备 SN 码	与 A 中生成的 SN 码一致
硬件配置/网卡 0/FE0	IP 地址	1.1.1.3		IP 地址	1.1.2.2
	子网掩码	255.255.0.0		子网掩码	255.255.0.0

表 10-8 手机与路由器参数配置

手机（A）			路由器（B）		
主要数据	参数名称	参数值	主要数据	参数名称	参数值
WiFi 接口设置	SSID 名	comway	WiFi 参数	SSID 名	comway
	网络密钥	101		网络密钥	101

表 10-9 手机与云端服务器参数配置

手机（A）			云端服务器（B）		
主要数据	参数名称	参数值	主要数据	参数名称	参数值
设备信息	设备类型	手机	应用终端 节点集/0	应用端类型	手机
	SN 码	自动生成		SN 码	与 A 中生成的 SN 码一致
注册信息	用户名	101		用户名	101
	密码	101		密码	101

表 10-10 传感器与云端服务器参数配置

姿态传感器（A）			云端服务器（B）		
主要数据	参数名称	参数值	主要数据	参数名称	参数值
设备信息	设备类型	位置传感器	传感器 节点集/0	传感器类型	姿态传感器
	SN 码	自动生成		SN 码	与 A 中生成的 SN 码一致

2. 设备安装步骤

（1）参见实验一中“2. 设备安装步骤”的（1）~（5），在图 10-2 所示的主场景登录界面选择“智慧校园”主场景。

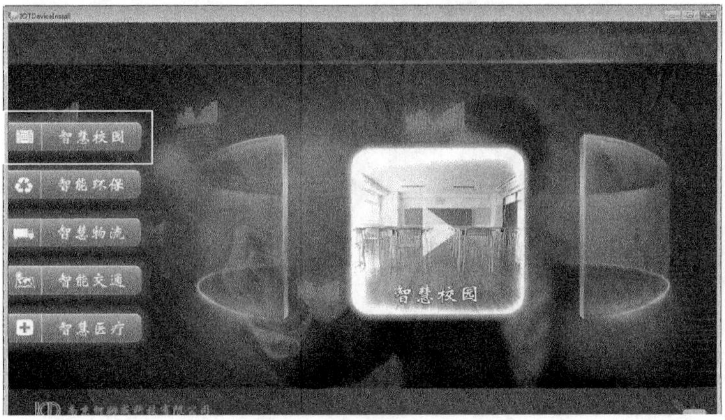

图 10-2　主场景登录界面

（2）进入智慧校园主场景，如图 10-3 所示。

图 10-3　智慧校园主场景

（3）进入智慧校园中的教室小场景，如图 10-4 所示。

图 10-4　智慧校园中的教室小场景

（4）找到监控功能区进行设备安装，如图 10-5 所示。

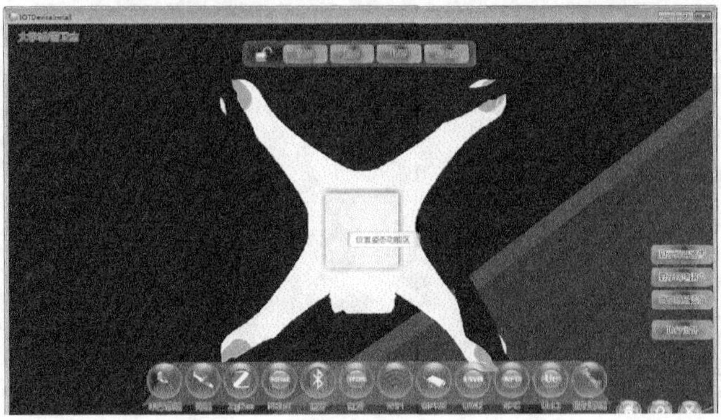

图 10-5　在监控功能区安装设备

（5）在功能区安装传感器、传输模块、传输网关、控制器，如图 10-6 所示。

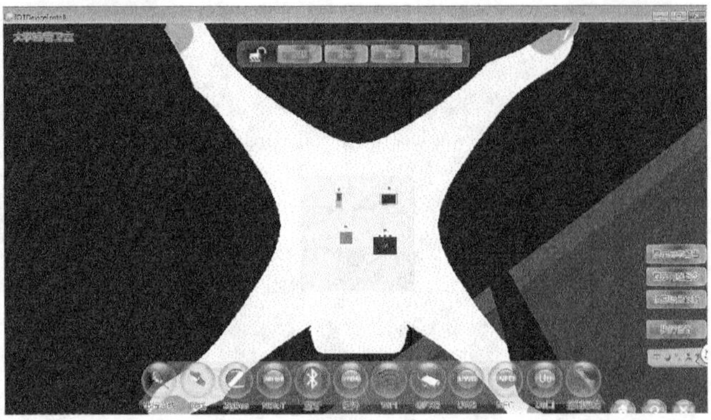

图 10-6　在功能区安装设备

（6）通过图 10-7 所示线缆将设备连接在一起。传感器与传输模块通过串行总线连接，传输模块与控制器通过串行总线连接，控制器与无人机通过控制总线相连，GPRS 传输模块与 GPRS 网关通过 GPRS 连接，GPRS 网关通过网线与信息中心的 4G 基站相连。

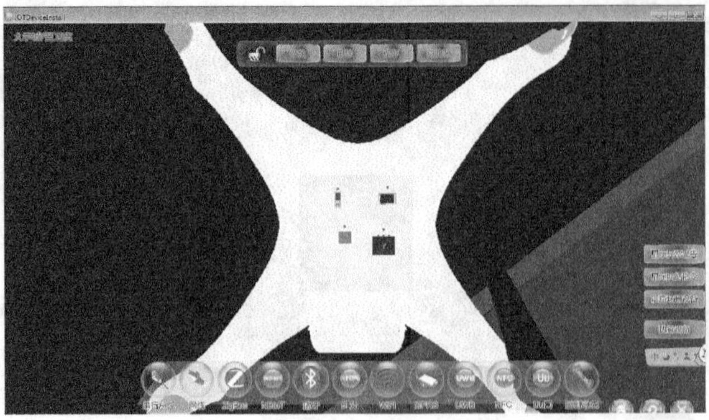

图 10-7　设备连接

（7）在信息中心中安装路由器、4G 核心网、4G 基站、云端服务器、手机终端并相互连线，如图 10-8 所示。

图 10-8　在信息中心中安装设备并相互连线

3. 系统调试步骤

给安装的设备进行数据配置，操作方法如下：

（1）姿态传感器参数信息配置：总线类型为 UART；总线速率为 1024 kbits/s，如图 10-9 所示。

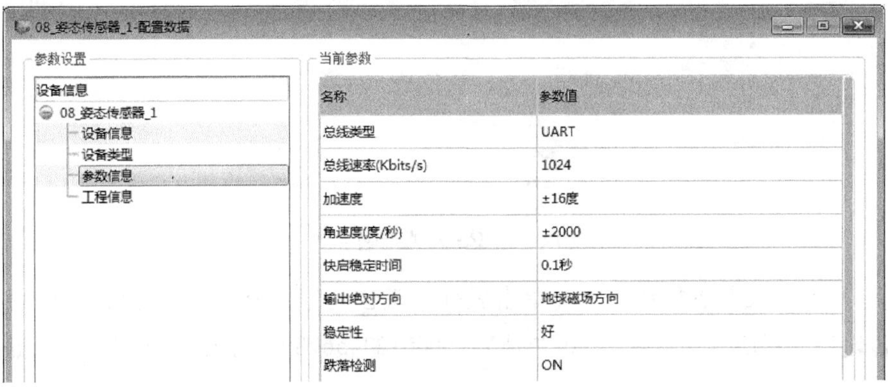

图 10-9　姿态传感器参数信息配置

（2）控制器控制参数配置：总线类型为 UART；总线速率为 1024 kbits/s，如图 10-10 所示。

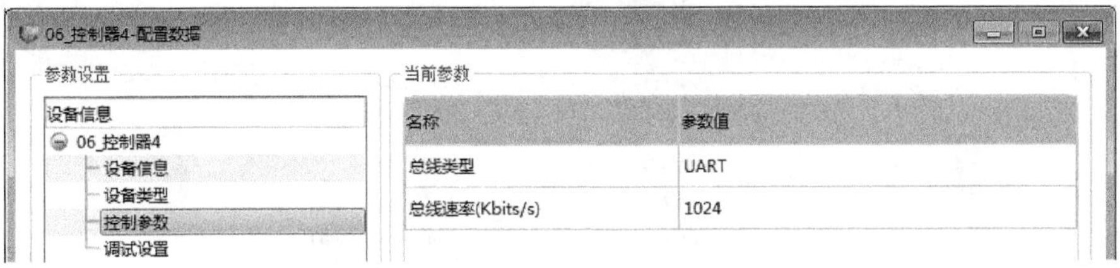

图 10-10　控制器控制参数配置

（3）GPRS 传输模块传输参数配置：总线类型为 UART；总线速率为 1024 kbits/s，如图 10-11 所示。

图 10-11　GPRS 传输模块传输参数配置

（4）GPRS 网关传输参数配置：网络拓扑为点对点；节点类型为网关设备，如图 10-12 所示。

图 10-12　GPRS 网关传输参数配置

（5）GPRS 网关节点集 0 配置（单击鼠标右键创建编号 0）：SN 码和节点地址为与之互联的传输模块对应的信息；NSIM 卡号为 460001234567801；用户号码为 101，如图 10-13 所示。

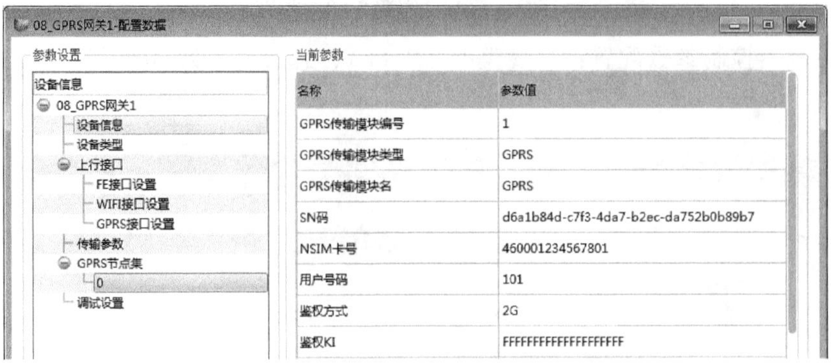

图 10-13　GPRS 网关节点集 0 配置

（6）GPRS 网关上行接口 GPRS 接口设置：用户 IMSI 号为 460001234567801；用户 ISDN 号为 101，如图 10-14 所示。

图 10-14　GPRS 网关上行接口 GPRS 接口设置

（7）4G 基站板卡 0 配置：IP 地址为 1. 1. 1. 2；子网掩码为 255. 255. 0. 0；网关为 1. 1. 1. 1，如图 10-15 所示。

图 10-15　4G 基站板卡 0 配置

（8）4G 基站板卡 1 配置：板卡类型为 LBBP，如图 10-16 所示。

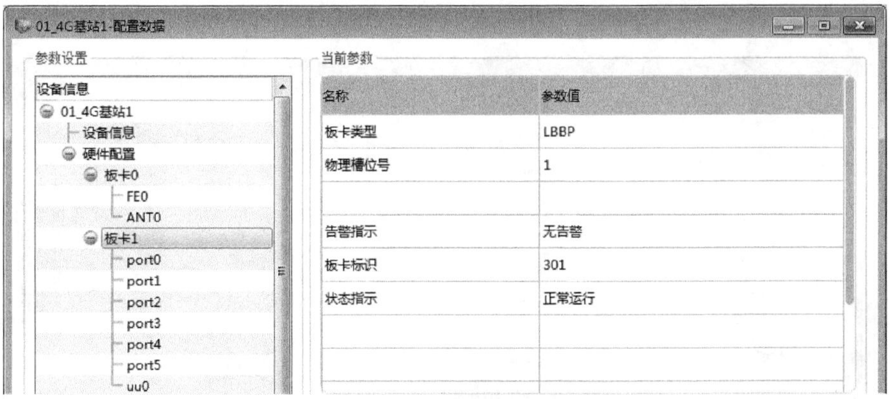

图 10-16　4G 基站板卡 1 配置

（9）4G 基站信令面配置：本端主用信令 IP 为 1. 1. 1. 2；主用信令 IP 的 IPSec 开关为 ENABLE；对端 IP 地址为 1. 1. 1. 1；本端、对端 SCTP 端口号为 2804，如图 10-17 所示。

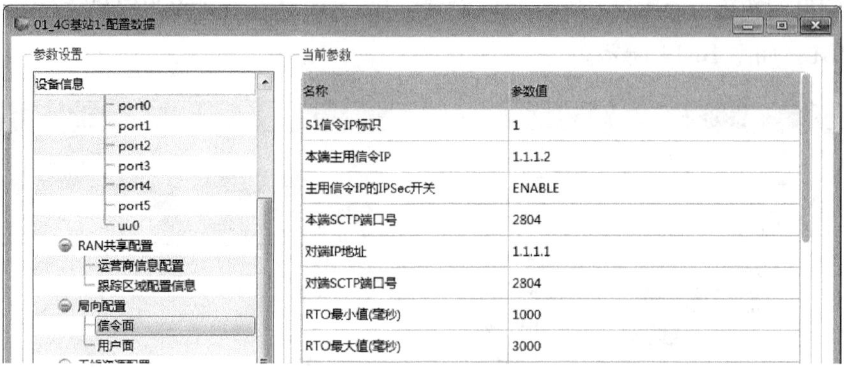

图 10-17　4G 基站信令面配置

（10）4G 基站用户面配置：S1 业务 IP 为 1. 1. 1. 1；S1 业务 IP 的 IPSec 开关为 ENABLE；本端 IKE IP 为 1. 1. 1. 2；运营商索引值为 1，如图 10-18 所示。

图 10-18　4G 基站用户面配置

（11）4G 基站扇区 0 配置：扇区模式为 NormalMIMO；天线模式为 2T2R，如图 10-19 所示。

图 10-19　4G 基站扇区 0 配置

（12）4G 基站扇区 1 配置：其参数与扇区 0 一致，如图 10-20 所示。

图 10-20　4G 基站扇区 1 配置

（13）4G 基站扇区 2 配置：其参数与扇区 0 一致，如图 10-21 所示。

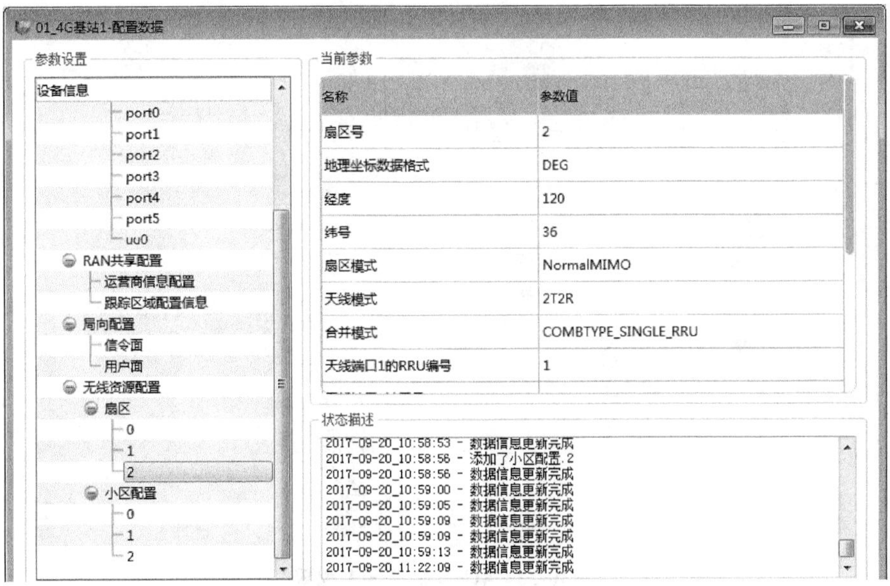

图 10-21　4G 基站扇区 2 配置

（14）4G 基站小区 0 配置：上行频点为 37350；下行频点为 38350，如图 10-22 所示。

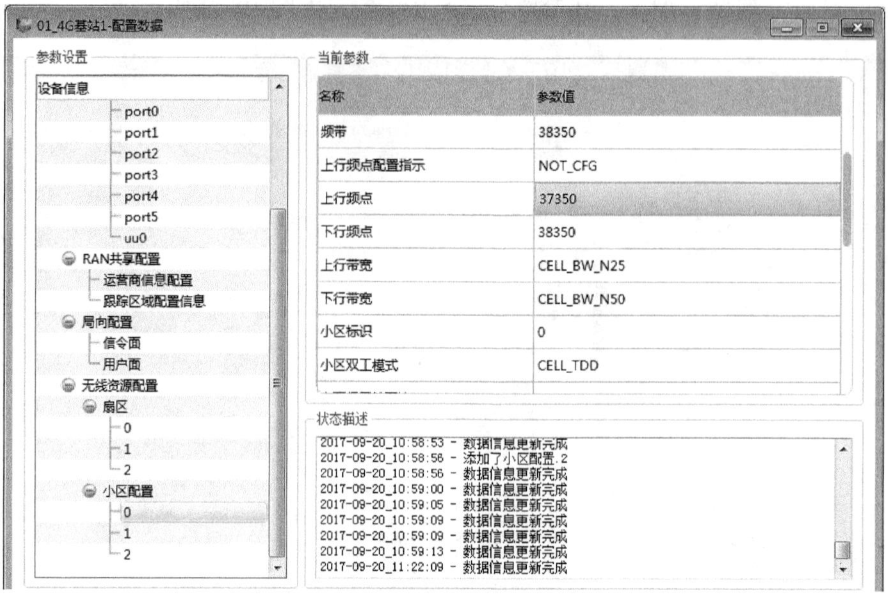

图 10-22　4G 基站小区 0 配置

（15）4G 基站小区 1 配置：上行频点为 37350；下行频点为 38350，如图 10-23 所示。

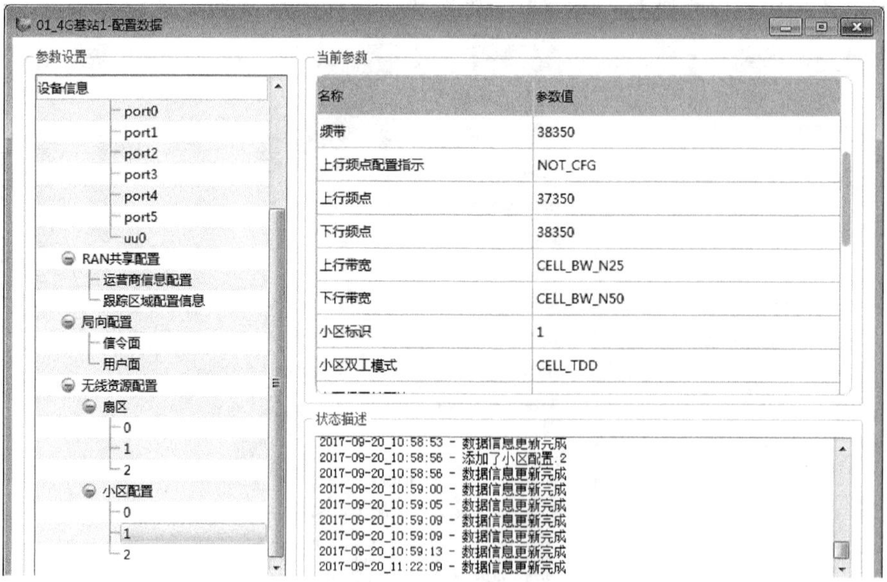

图 10-23　4G 基站小区 1 配置

（16）4G 基站小区 2 配置：上行频点为 37350；下行频点为 38350，如图 10-24 所示。

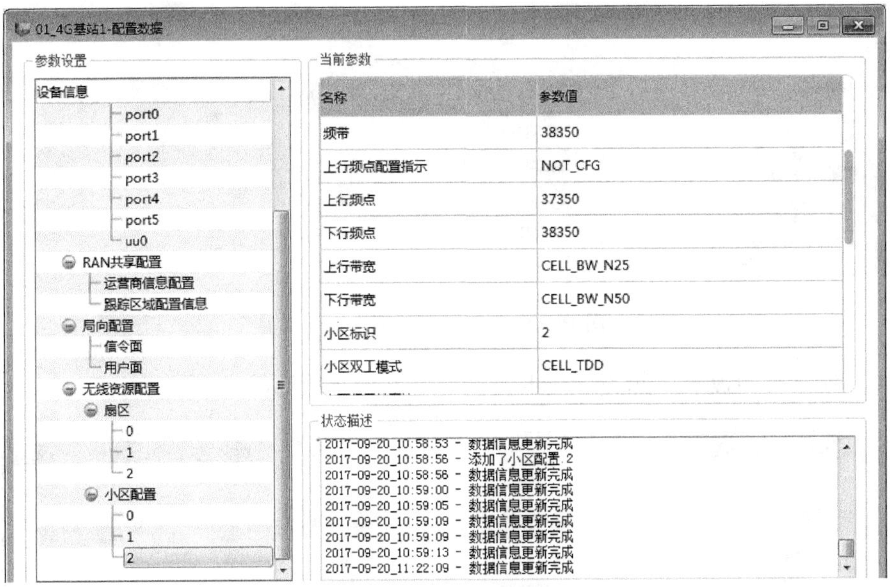

图 10-24　4G 基站小区 2 配置

（17）4G 核心网板卡 0 配置：板卡类型为 eMPU，如图 10-25 所示。

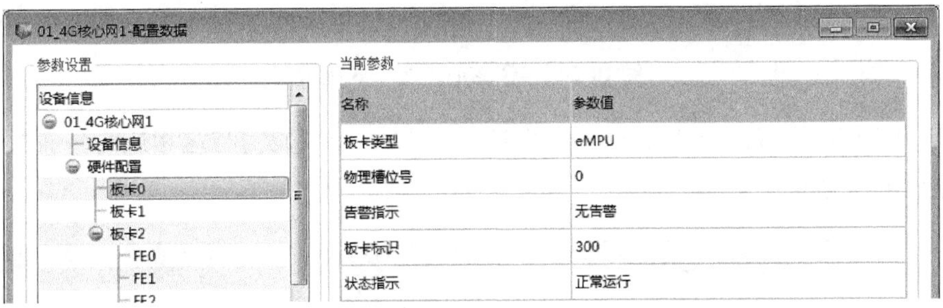

图 10-25　4G 核心网板卡 0 配置

（18）4G 核心网板卡 1 配置：板卡类型为 eCDB，如图 10-26 所示。

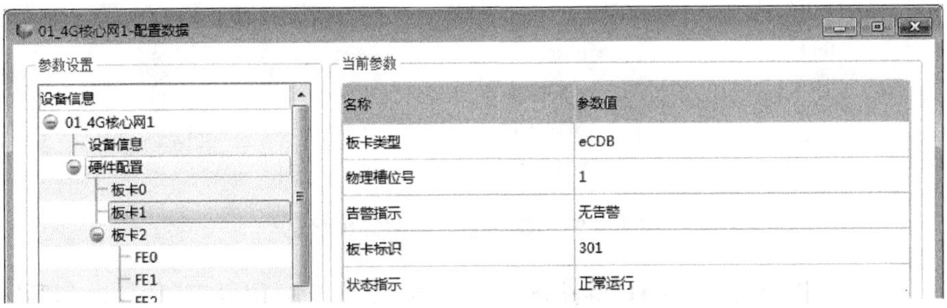

图 10-26　4G 核心网板卡 1 配置

（19）4G 核心网板卡 2 配置：板卡类型为 eFEU；同时设置 FE0 的 IP 地址为 1.1.1.1，子网掩码为 255.255.0.0，网关设置为 1.1.2.1，如图 10-27 所示。

图 10-27　4G 核心网板卡 2 配置

（20）4G 核心网板卡 3 配置：板卡类型为 eLPP，如图 10-28 所示。

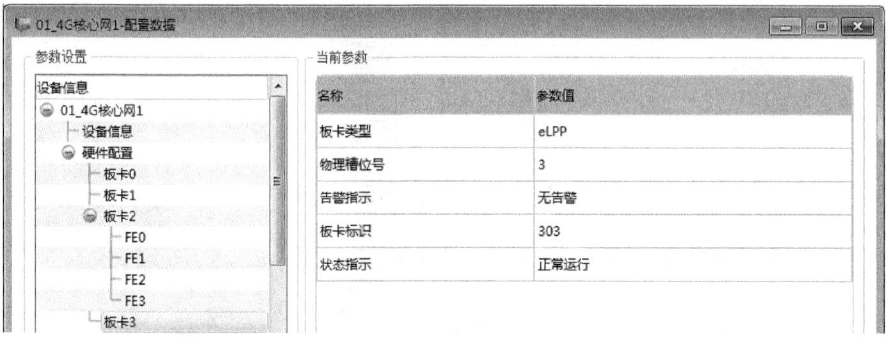

图 10-28　4G 核心网板卡 3 配置

（21）4G 核心网基站集 0 配置（右键创建编号 0）：SN 码为与之相连的基站的 SN 码信息，如图 10-29 所示。

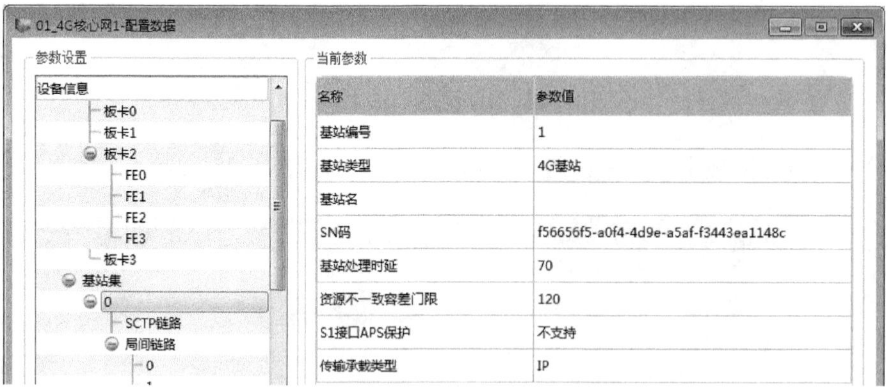

图 10-29　4G 核心网基站集 0 配置

（22）4G 核心网基站集 SCTP 链路配置：本端主用信令 IP 为 1. 1. 1. 1（FE0 的 IP 地址）；本端 SCTP 端口号为 2804，如图 10-30 所示。

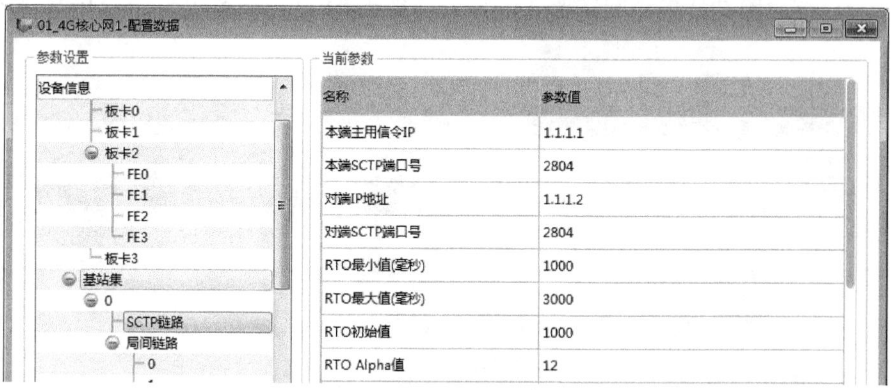

图 10-30　4G 核心网基站集 SCTP 链路配置

（23）4G 核心网基站集局间链路 0 配置：速率为 64 kbps；类型为默认操作维护，如图 10-31 所示。

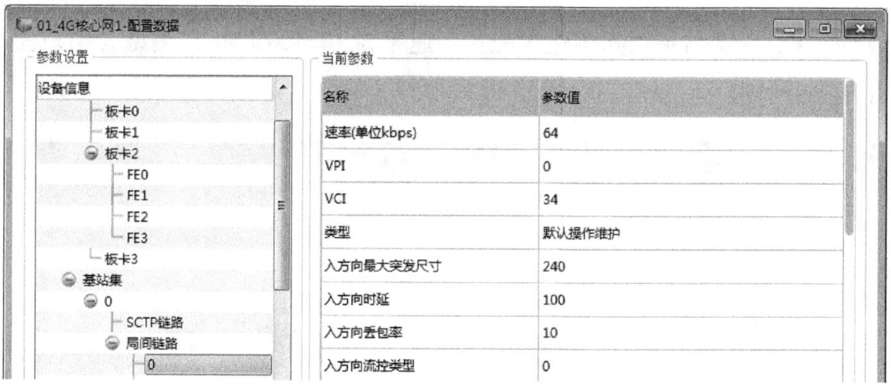

图 10-31　4G 核心网基站集局间链路 0 配置

（24）4G 核心网基站集局间链路 1 配置：速率为 64 kbps；类型为专用操作维护，如图 10-32 所示。

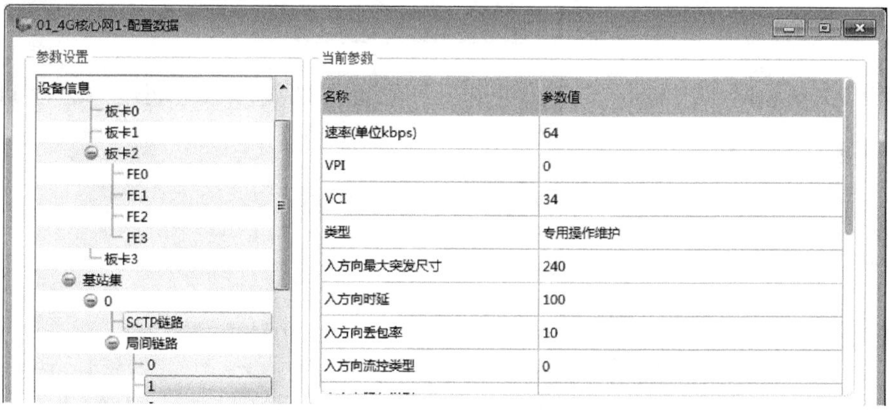

图 10-32　4G 核心网基站集局间链路 1 配置

（25）4G 核心网基站集局间链路 2 配置：速率为 64 kbps；类型为 S1-AP 控制链路，如图 10-33 所示。

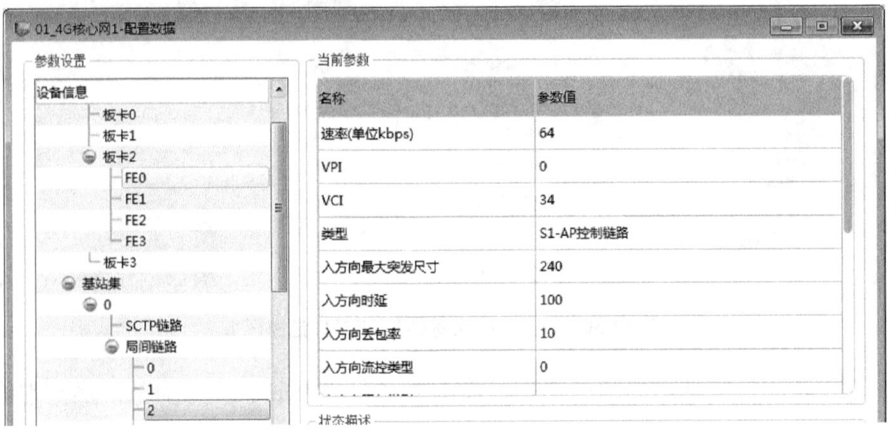

图 10-33　4G 核心网基站集局间链路 2 配置

（26）4G 核心网基站集局间链路 3 配置：速率为 102400 kbps；类型为用户面 PDUs 链路，如图 10-34 所示。

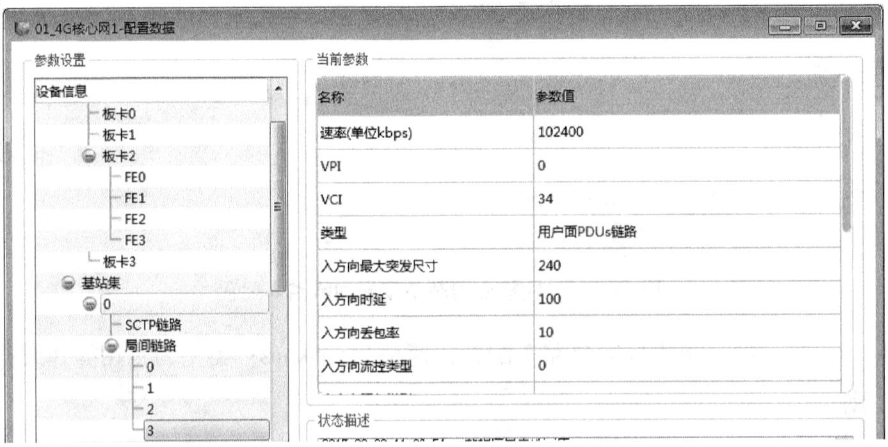

图 10-34　4G 核心网基站集局间链路 3 配置

（27）4G 核心网小区集 0 配置（单击鼠标右键添加编号 0）：小区 ID 为 11，如图 10-35 所示。

图 10-35　4G 核心网小区集 0 配置

（28）4G 核心网小区集 0 载频集配置：设置主载频为 38350，如图 10-36 所示。

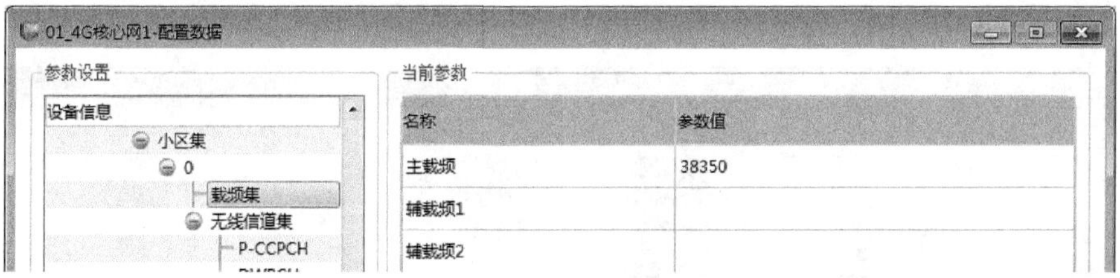

图 10-36　4G 核心网小区集 0 载频集配置

（29）4G 核心网小区集 0 邻区 0 配置：邻区编号设置为 1；小区 ID 设置为 12，如图 10-37 所示。

图 10-37　4G 核心网小区集 0 邻区 0 配置

（30）4G 核心网小区集 0 邻区 1 配置：小区 ID 设置为 13，如图 10-38 所示。

图 10-38　4G 核心网小区集 0 邻区 1 配置

（31）4G 核心网小区集 1 配置（单击鼠标右键创建编号 1 的小区）：小区 ID 设置为 12，如图 10-39 所示。

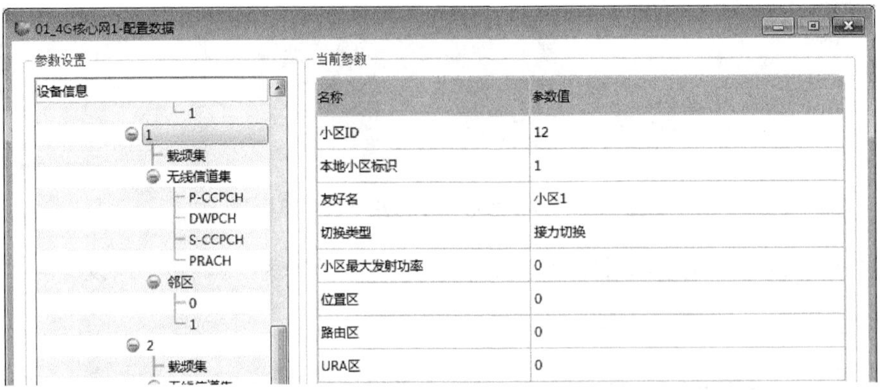

图 10-39　4G 核心网小区集 1 配置

（32）4G 核心网小区集 1 载频集配置：主载频为 38350，如图 10-40 所示。

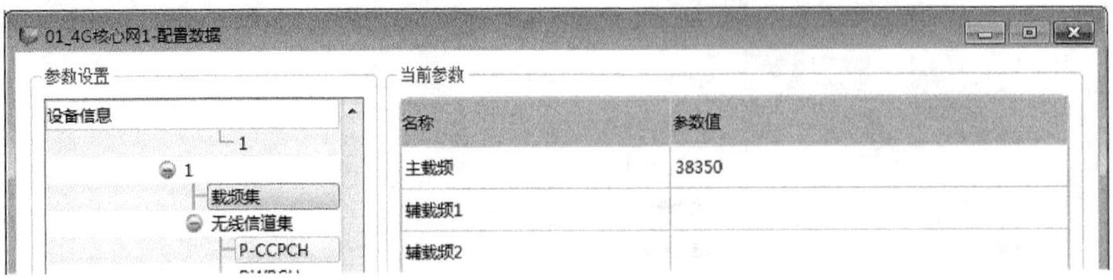

图 10-40　4G 核心网小区集 1 载频集配置

（33）4G 核心网小区集 1 邻区 0 配置：小区 ID 设置为 11，如图 10-41 所示。

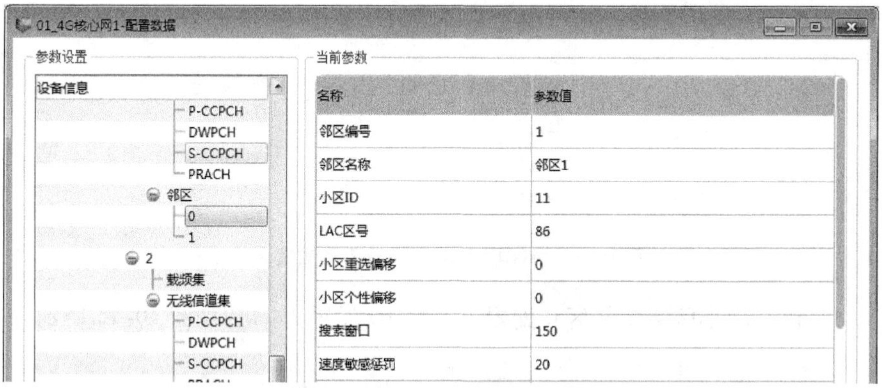

图 10-41　4G 核心网小区集 1 邻区 0 配置

（34）4G 核心网小区集 1 邻区 1 配置：小区 ID 设置为 13，如图 10-42 所示。

图 10-42　4G 核心网小区集 1 邻区 1 配置

（35）4G 核心网小区集 2 配置：小区 ID 设置为 13，如图 10-43 所示。

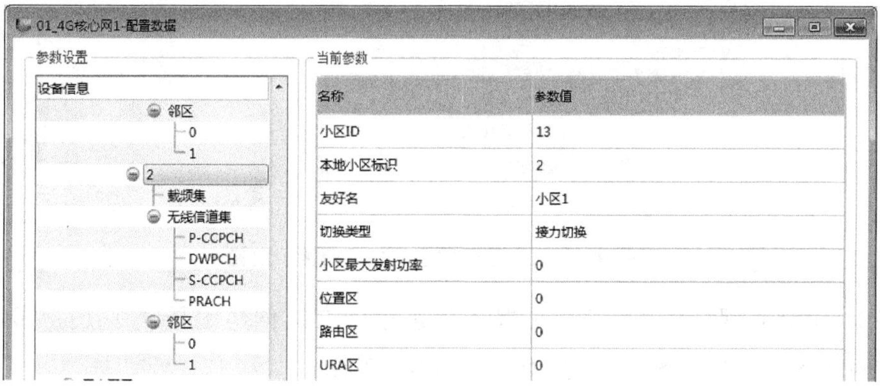

图 10-43　4G 核心网小区集 2 配置

（36）4G 核心网小区集 2 载频集配置：主载频为 38350，如图 10-44 所示。

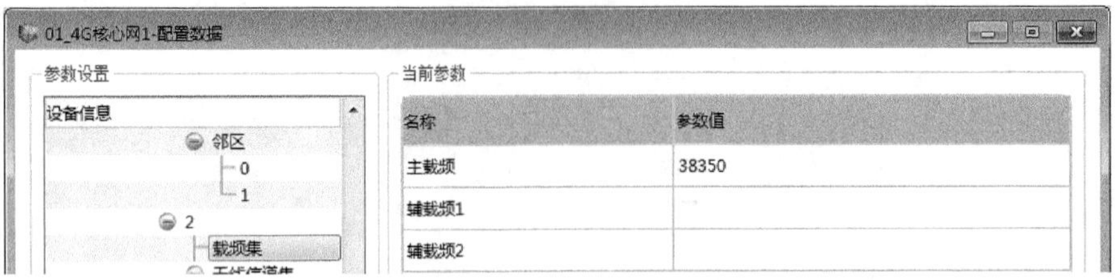

图 10-44　4G 核心网小区集 2 载频集配置

（37）4G 核心网小区集 2 邻区 0 配置：小区 ID 设置为 11，如图 10-45 所示。

图 10-45　4G 核心网小区集 2 邻区 0 配置

（38）4G 核心网小区集 2 邻区 1 配置：小区 ID 设置为 12，如图 10-46 所示。

图 10-46　4G 核心网小区集 2 邻区 1 配置

（39）4G 核心网 4G 用户开户配置（单击鼠标右键创建编号 0）：用户 IMSI 号为 460001234567801；用户 ISDN 号为 101，如图 10-47 所示。

图 10-49　路由器端口 1 配置

（42）云端服务器网卡 FE0 配置：IP 地址为 1. 1. 1. 3；子网掩码为 255. 255. 0. 0；网关 1. 1. 2. 2，如图 10-50 所示。

图 10-50　云端服务器网卡 FE0 配置

（43）云端服务器传感器节点集 0 配置：传感器类型为位置传感器；SN 码为位置传感的 SN 码信息，如图 10-51 所示。

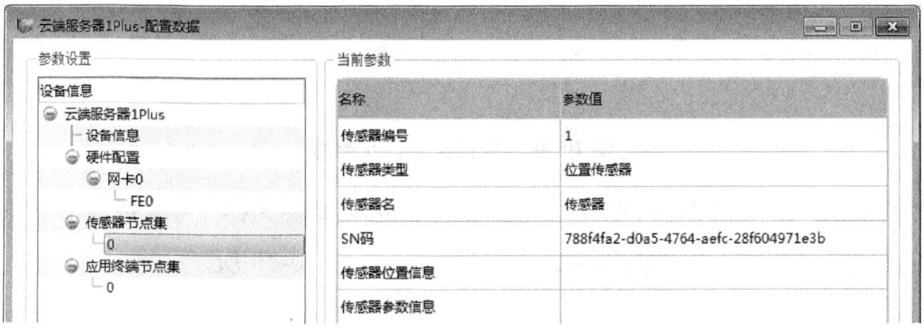

图 10-51　云端服务器传感器节点集 0 配置

（44）云端服务器应用终端节点集 0 配置：应用终端类型为手机；SN 码为手机的 SN 信息，如图 10-52 所示。

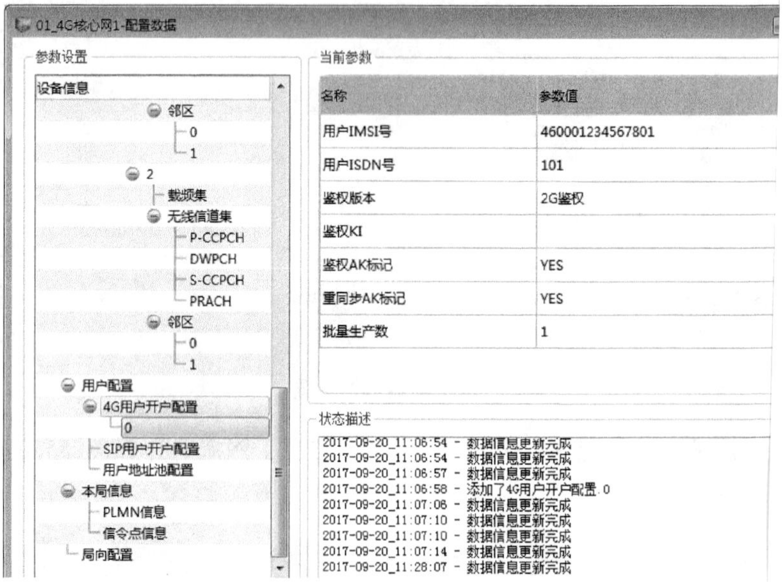

图 10-47　4G 核心网 4G 用户开户配置

（40）路由器端口 0 配置：端口模式为 untag；对端设备 SN 码为核心
IP 地址设置为 1. 1. 2. 1；子网掩码为 255. 255. 0. 0，如图 10-48 所示。

图 10-48　路由器端口 0 配置

（41）路由器端口 1 配置：端口模式为 untag；对端设备 SN 码为服
IP 地址设置为 1. 1. 2. 2；子网掩码为 255. 255. 0. 0，如图 10-49 所示。

图 10-47　4G 核心网 4G 用户开户配置

（40）路由器端口 0 配置：端口模式为 untag；对端设备 SN 码为核心网的 SN 码信息；IP 地址设置为 1. 1. 2. 1；子网掩码为 255. 255. 0. 0，如图 10-48 所示。

图 10-48　路由器端口 0 配置

（41）路由器端口 1 配置：端口模式为 untag；对端设备 SN 码为服务器的 SN 码信息；IP 地址设置为 1. 1. 2. 2；子网掩码为 255. 255. 0. 0，如图 10-49 所示。

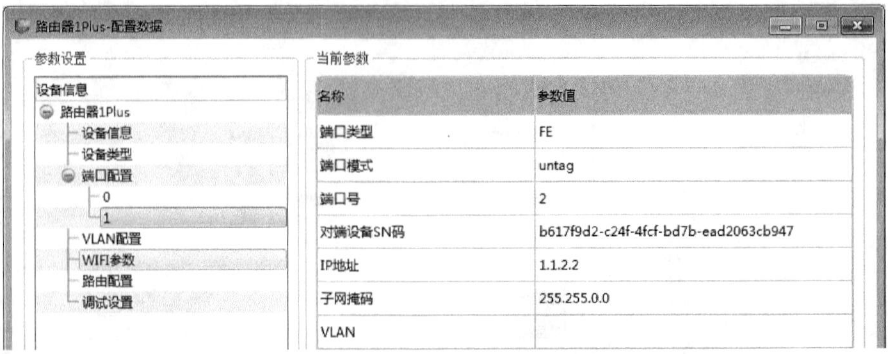

图 10-49　路由器端口 1 配置

（42）云端服务器网卡 FE0 配置：IP 地址为 1. 1. 1. 3；子网掩码为 255. 255. 0. 0；网关为 1. 1. 2. 2，如图 10-50 所示。

图 10-50　云端服务器网卡 FE0 配置

（43）云端服务器传感器节点集 0 配置：传感器类型为位置传感器；SN 码为位置传感器的 SN 码信息，如图 10-51 所示。

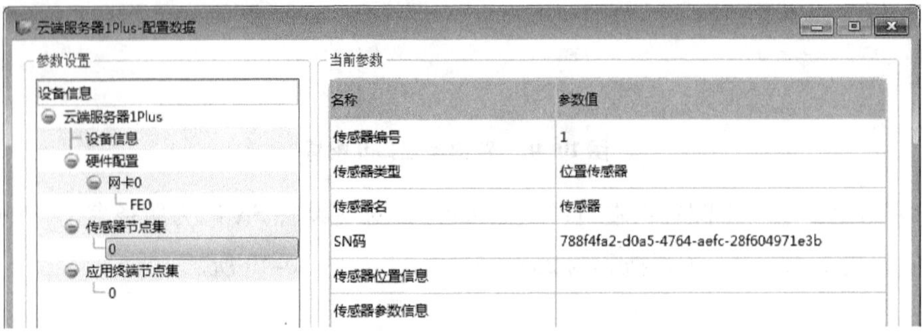

图 10-51　云端服务器传感器节点集 0 配置

（44）云端服务器应用终端节点集 0 配置：应用终端类型为手机；SN 码为手机的 SN 码信息，如图 10-52 所示。

图 10-52　云端服务器应用终端节点集 0 配置

（45）手机号配置：移动国家码为 460；运营商信息为 00；用户 IMSI 号为 460001234567801；用户 ISDN 号为 101，如图 10-53 所示。

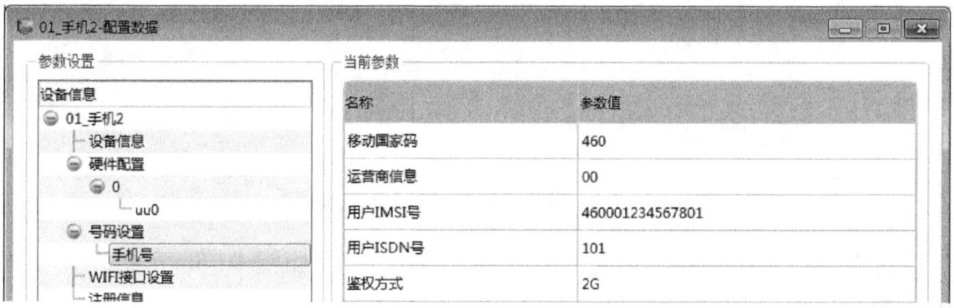

图 10-53　手机号配置

（46）手机注册信息配置：用户名为 101；密码为 101，如图 10-54 所示。

图 10-54　手机注册信息配置

四、实验结果

（1）给姿态传感器配置初始信号，加入函数波形。

方位的数据类型选择模拟量；俯仰的数值分布模型设置为线性分布模型；横滚的数值分布模型设置为常量分布模型；最大值和最小值需要通过场景中的执行机构获取（单击鼠标右键查看信息），点击“生成数据”按钮即可看到生成的函数模型，如图 10-55 所示。

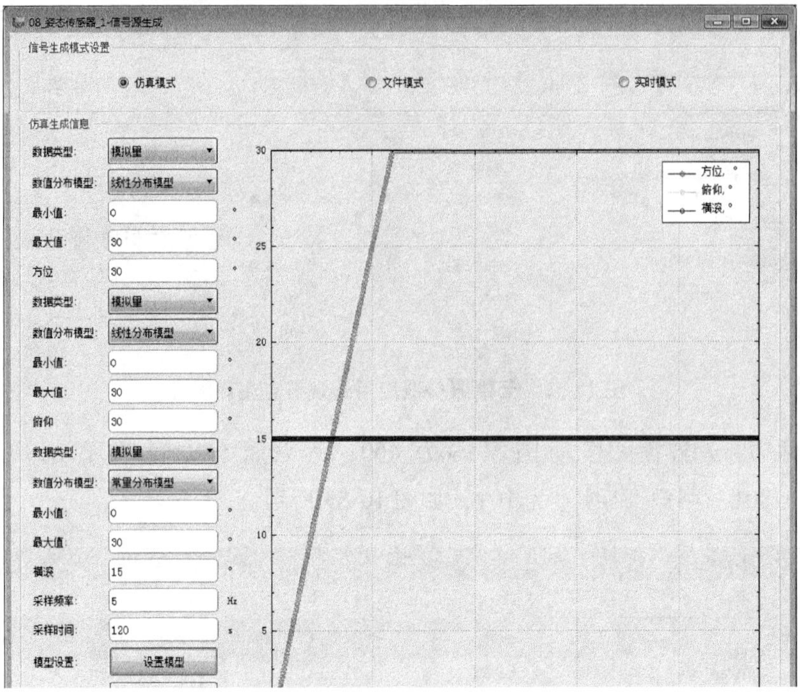

图 10-55　给姿态传感器配置初始信号

（2）开启设备，进行实验。模拟信号的实时信息显示如图 10-56 所示，模拟信号经过抽样量化转化为数字信号的实时信息显示如图 10-57 所示。

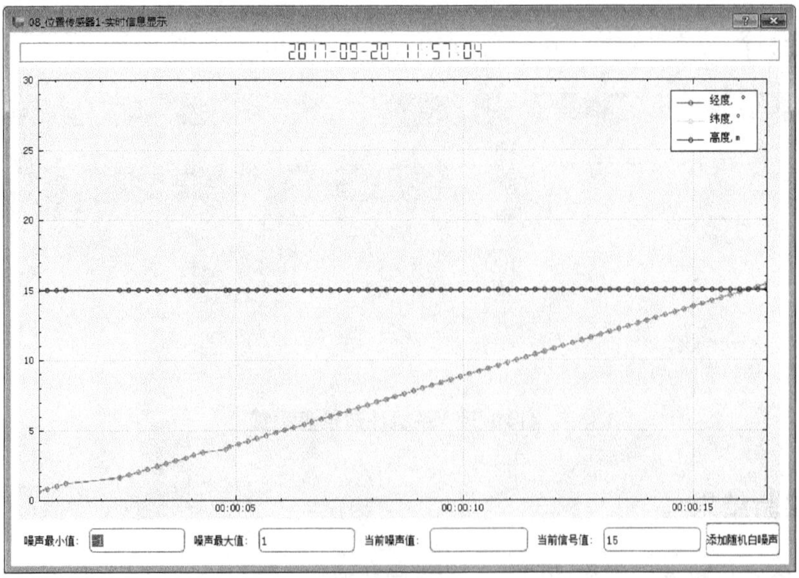

图 10-56　模拟信号的实时信息显示

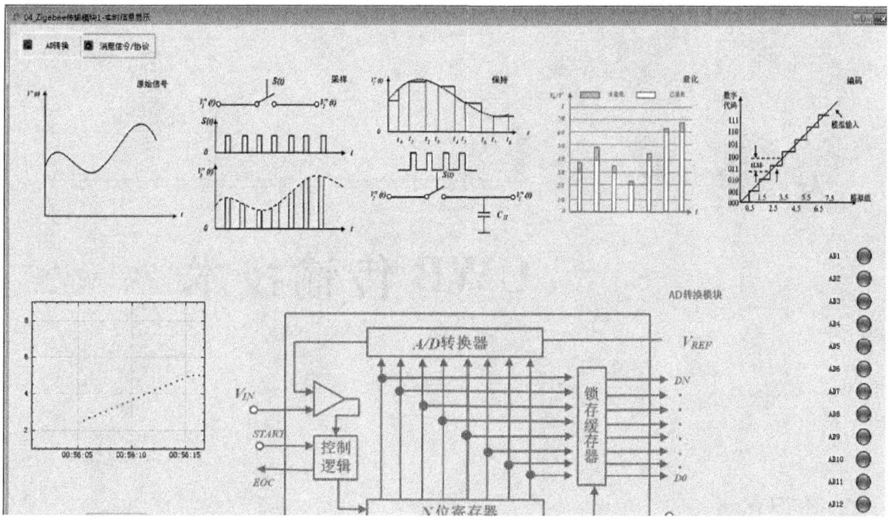

图 10-57　模拟信号经过抽样量化转化为数字信号的实时信息显示

（3）手机验证。通过虚拟的手机对无人机的方位、俯仰、横滚进行控制，无人机会根据数据的变化，不断地调整姿态，如图 10-58 所示。

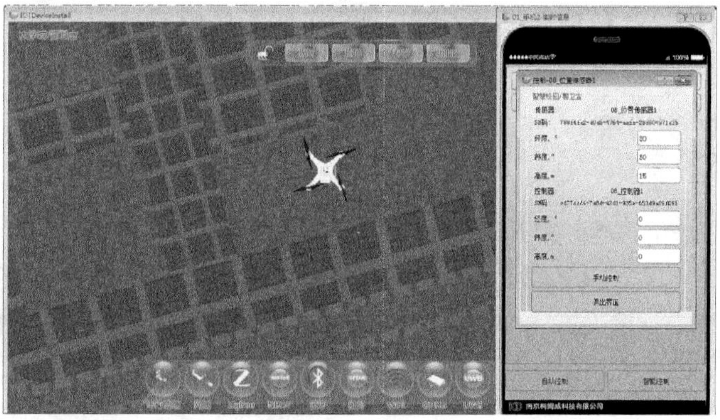

图 10-58　手机验证

五、实验报告要求

（1）通过位置传感器和 GPRS 模块，结合近场通信技术，实现对无人机的智能控制。

（2）输入不同的方位、俯仰、横滚模拟信号，记录在场景中无人机姿态的变化情况。

实验十一 UWB 传输技术

一、实验目的

（1）掌握 UWB 传输模块及 UWB 网关的基础知识；

（2）理解 UWB 传输模块及 UWB 网关的工作过程；

（3）了解 UWB 传输模块及 UWB 网关在移动互联网中的搭建方法；

（4）掌握通过 UWB 传输模块及 UWB 网关实现场景中监控识别摄像头对门禁系统进行控制的方法。

二、实验仪器

Com-Way 移动互联创新开发仿真系统。

三、实验内容

1. 数据配置

烟雾传感器通过串行总线连接 UWB 传输模块；UWB 传输模块通过串行总线连接控制器，通过 UWB 线缆连接 UWB 网关；控制器通过控制总线连接场景中的消防设备；UWB 网关通过网线与信息中心的路由器相连；同时，路由器通过网线连接云端服务器，通过 WiFi 连接手机，如图 11-1 所示。

具体参数配置见表 11-1 至表 11-8。

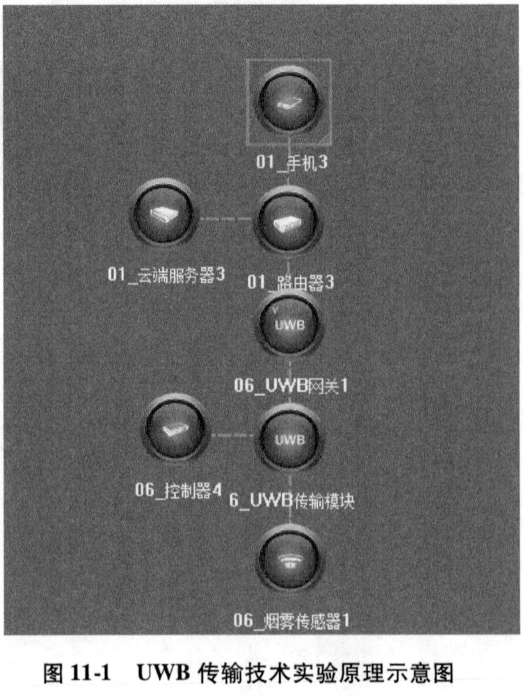

图 11-1 UWB 传输技术实验原理示意图

表 11-1　传感器参数配置

主要数据	参数名称	参数值
设备信息	SN 码	自动生成
	设备类型	自动生成
参数信息	总线速率/(kbits/s)	1024

表 11-2　控制器参数配置

主要数据	参数名称	参数值
控制参数	总线速率/(kbits/s)	1024

表 11-3　传输模块与网关参数配置

UWB 传输模块（A）			UWB 网关（B）		
主要数据	参数名称	参数值	主要数据	参数名称	参数值
设备信息	SN 码	自动生成	UWB 节点集/0	SN 码	与 A 中生成的 SN 码一致
传输参数	节点地址	A1-B1-C1-D1		节点地址	A1-B1-C1-D1
	重启自动加入网络	是		重启自动加入网络	是
	网络密钥	101		网络密钥	101
	总线速率/(kbits/s)	1024			
	网络拓扑	点对点	传输参数	网络拓扑	点对点
	节点类型	终端设备		节点类型	网关设备

表 11-4　传输网关与路由器参数配置

UWB 网关（A）			路由器（B）		
主要数据	参数名称	参数值	主要数据	参数名称	参数值
设备信息	SN 码	自动生成	端口配置/0	对端设备 SN 码	与 A 中生成的 SN 码一致
上行接口/FE 接口设置	IP 地址	1.1.1.1		IP 地址	1.1.2.1
	子网掩码	255.255.0.0		子网掩码	255.255.0.0
	网关	1.1.2.1			
	VLAN	1		VLAN	1
	端口模式	tag		端口模式	tag

表 11-5　云端服务器与路由器参数配置

云端服务器（A）			路由器（B）		
主要数据	参数名称	参数值	主要数据	参数名称	参数值
设备信息	SN 码	自动生成	端口配置/1	对端设备 SN 码	与 A 中生成的 SN 码一致
硬件配置/网卡 0/FE0	IP 地址	1. 1. 1. 2		IP 地址	1. 1. 2. 2
	子网掩码	255. 255. 0. 0		子网掩码	255. 255. 0. 0
	网关	1. 1. 2. 2		端口模式	untag

表 11-6　手机与路由器参数配置

手机（A）			路由器（B）		
主要数据	参数名称	参数值	主要数据	参数名称	参数值
WiFi 接口设置	SSID 名	comway	WiFi 参数	SSID 名	comway
	网络密钥	101		网络密钥	101

表 11-7　手机与云端服务器参数配置

手机（A）			云端服务器（B）		
主要数据	参数名称	参数值	主要数据	参数名称	参数值
设备信息	设备类型	手机	应用终端节点集/0	应用端类型	手机
	SN 码	自动生成		SN 码	与 A 中生成的 SN 码一致
注册信息	用户名	101		用户名	101
	密码	101		密码	101

表 11-8　传感器与云端服务器参数配置

烟雾传感器（A）			云端服务器（B）		
主要数据	参数名称	参数值	主要数据	参数名称	参数值
设备信息	设备类型	烟雾传感器	传感器节点集/0	传感器类型	烟雾传感器
	SN 码	自动生成		SN 码	与 A 中生成的 SN 码一致

2. 设备安装步骤

（1）参见实验一中“2. 设备安装步骤”的（1）~（5），在图 11-2 所示的主场景登录界面选择“智慧校园”主场景。

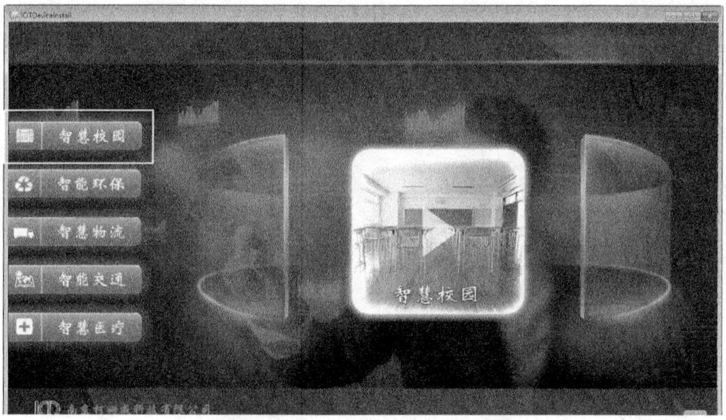

图 11-2　主场景登录界面

（2）进入智慧校园主场景，如图 11-3 所示。

图 11-3　智慧校园主场景

（3）进入智慧校园中的实验室小场景，如图 11-4 所示。

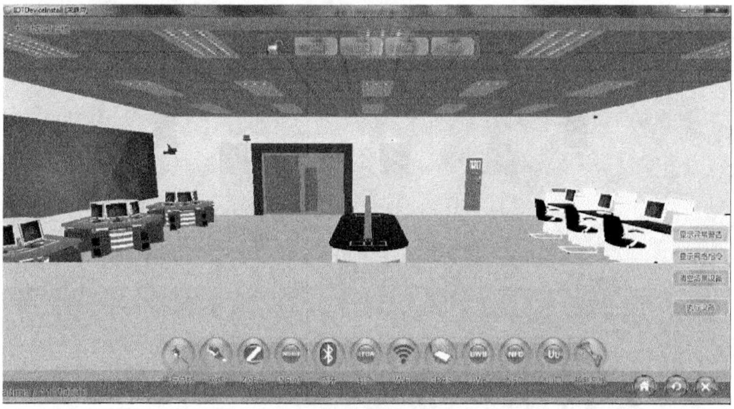

图 11-4　智慧校园中的实验室小场景

（4）找到消防监控区，并安装设备，如图 11-5 所示。

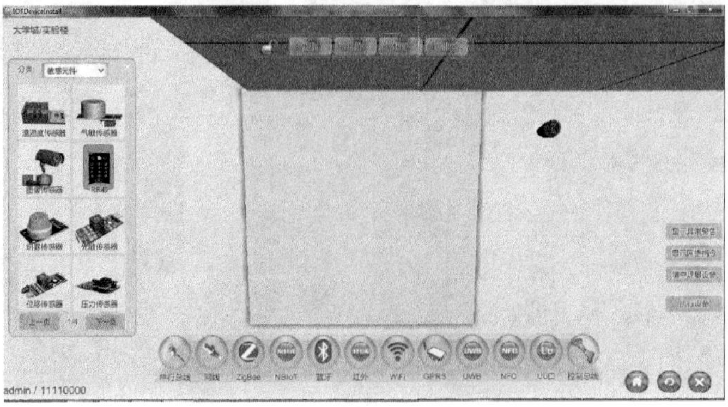

图 11-5　在消防监控区安装设备

（5）在功能区安装传感器、传输模块、传输网关、控制器，如图 11-6 所示。

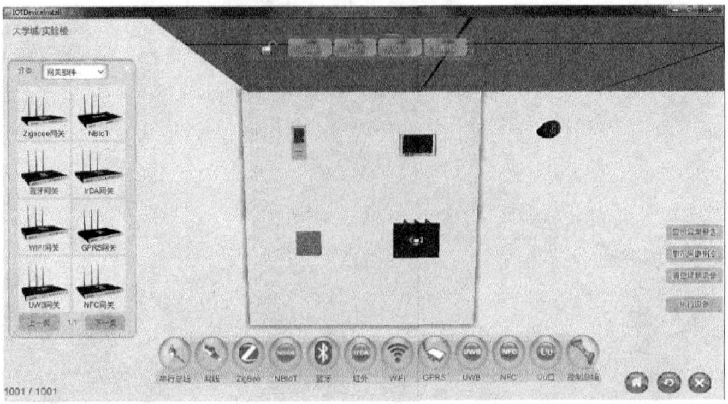

图 11-6　在功能区安装设备

（6）通过图 11-7 所示的线缆将设备连接在一起。传感器与传输模块通过串行总线连接，传输模块与控制器通过串行总线连接，控制器与消防设备通过控制总线相连，UWB 传输模块与 UWB 网关通过 UWB 的连接线连接，UWB 网关通过网线与信息中心的路由器相连。

图 11-7　连接设备

（7）在信息中心中安装路由器、云端服务器、手机终端并相互连线，如图 11-8 所示。

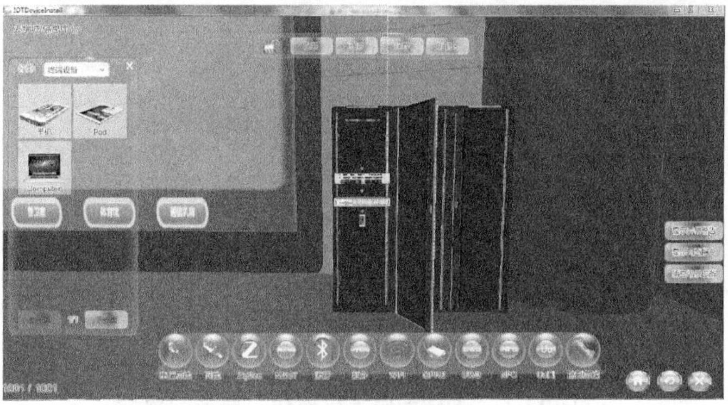

图 11-8　在信息中心中安装设备并连线

3. 系统调试步骤

对安装的设备进行数据配置，步骤如下：

（1）烟雾传感器参数信息配置：总线类型为 UART；总线速率为 1024 kbits/s，如图 11-9 所示。

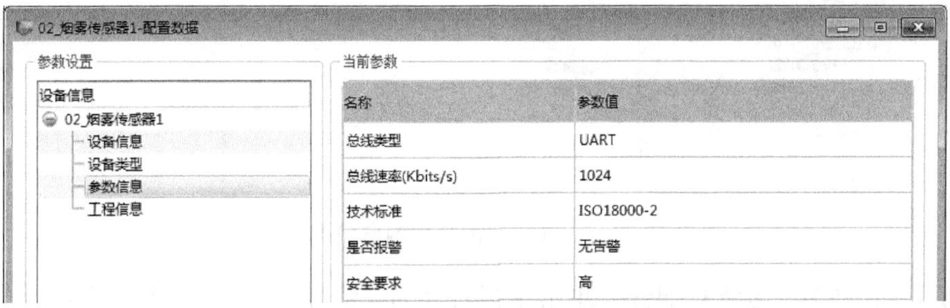

图 11-9　烟雾传感器参数信息配置

（2）控制器控制参数配置：总线类型为 UART；总线速率为 1024 kbits/s，如图 11-10 所示。

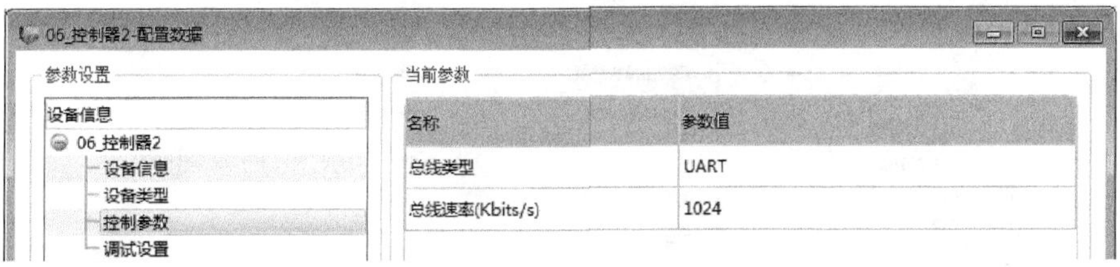

图 11-10　控制器控制参数配置

（3）UWB 传输模块传输参数配置：总线类型为 UART；总线速率为 1024 kbits/s，如图 11-11 所示。

图 11-11　UWB 传输模块传输参数配置

（4）UWB 网关传输参数配置：网络拓扑为点对点；节点类型为网关设备，如图 11-12 所示。

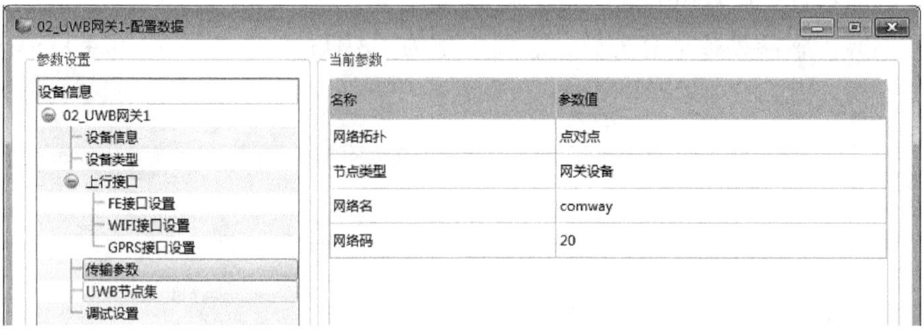

图 11-12　UWB 网关传输参数配置

（5）UWB 网关节点集 0 配置（单击鼠标右键创建编号 0）：SN 码和节点地址为与之互联的传输模块对应的信息，如图 11-13 所示。

图 11-13　UWB 网关节点集 0 配置

（6）UWB 网关上行接口 FE 接口设置：端口模式为 tag；IP 地址为 1. 1. 1. 1；子网掩码为 255. 255. 0. 0；网关为 1. 1. 2. 1；VLAN 为 1，如图 11-14 所示。

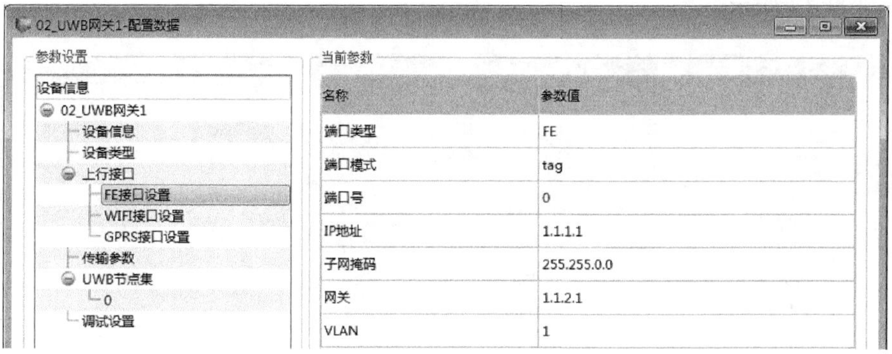

图 11-14　UWB 网关上行接口 FE 接口设置

（7）路由器端口 0 配置：端口模式为 tag；对端设备 SN 码为与之互联的网关设备的 SN 码信息；IP 地址为 1. 1. 2. 1；子网掩码为 255. 255. 0. 0；VLAN 为 1，如图 11-15 所示。

图 11-15　路由器端口 0 配置

（8）路由器端口 1 配置：端口模式为 untag；对端设备 SN 码为与之互联的服务器设备的 SN 码信息；IP 地址为 1. 1. 2. 2；子网掩码为 255. 255. 0. 0；VLAN 为空（因为服务器不具备 VLAN 功能），如图 11-16 所示。

图 11-16　路由器端口 1 配置

（9）路由器 WiFi 参数配置：SSID 名为 comway（任意非中文字符均可）；网络密钥为

101，如图 11-17 所示。

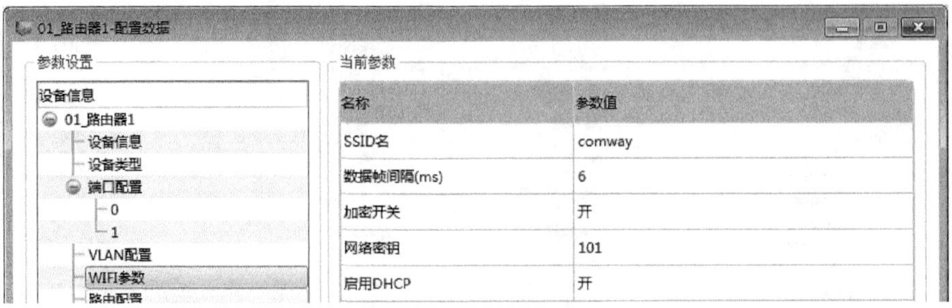

图 11-17　路由器 WiFi 参数配置

（10）云端服务器网卡 FE0 配置：IP 地址为 1. 1. 1. 2；子网掩码为 255. 255. 0. 0；网关为 1. 1. 2. 2，如图 11-18 所示。

图 11-18　云端服务器网卡 FE0 配置

（11）云端服务器传感器节点集 0 配置（单击鼠标右键创建编号 0）：传感器类型为烟雾传感器；SN 码为传感器类型所选的传感器的 SN 码信息，如图 11-19 所示。

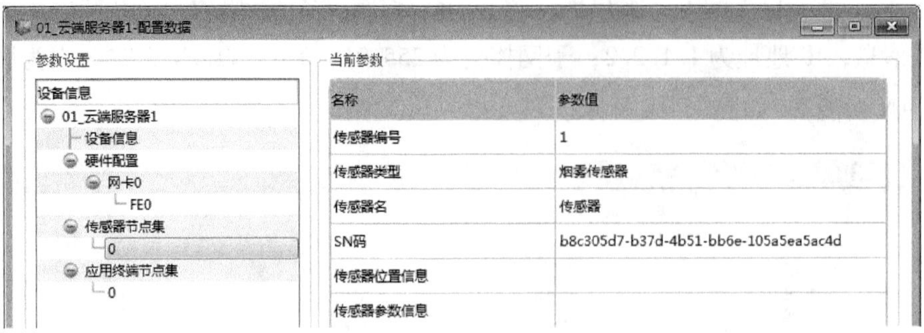

图 11-19　云端服务器传感器节点集 0 配置

（12）云端服务器应用终端节点集 0 配置（右键创建编号 0）：应用终端类型为手机；SN 码为手机的 SN 码信息；用户名为 101；密码为 101，如图 11-20 所示。

图 11-20　云端服务器应用终端节点集 0 配置

（13）手机 WiFi 接口设置：SSID 名为 comway；网络密钥为 101（与路由器 WiFi 信息保持一致），如图 11-21 所示。

图 11-21　手机 WiFi 接口设置

（14）手机注册信息配置：用户名为 101；密码为 101（用于连接服务器的应用登录），如图 11-22 所示。

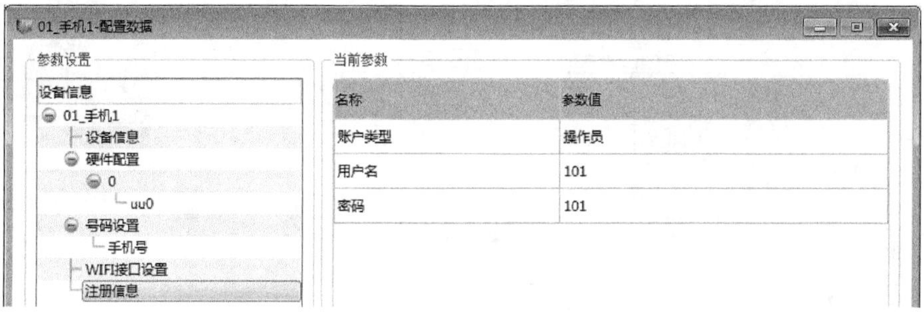

图 11-22　手机注册信息配置

四、实验结果

（1）给烟雾传感器配置初始信号，加入函数波形。

烟雾传感器主要检测空气中的烟雾浓度，数据类型选择模拟量，选用的数值分布模型为线性分布模型；最大值与最小值需要从安装场景中的报警灯（单击鼠标右键查看）获取信息，如图 11-23 所示。

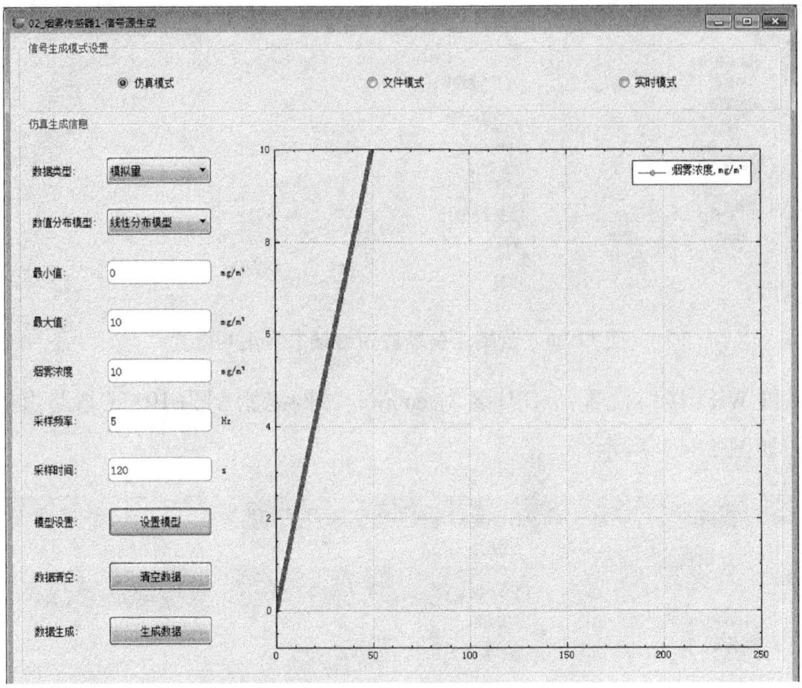

图 11-23　给烟雾传感器配置初始信号

（2）开启设备，进行实验。模拟信号经过抽样量化转化为数字信号的实时信息显示如图 11-24 所示。

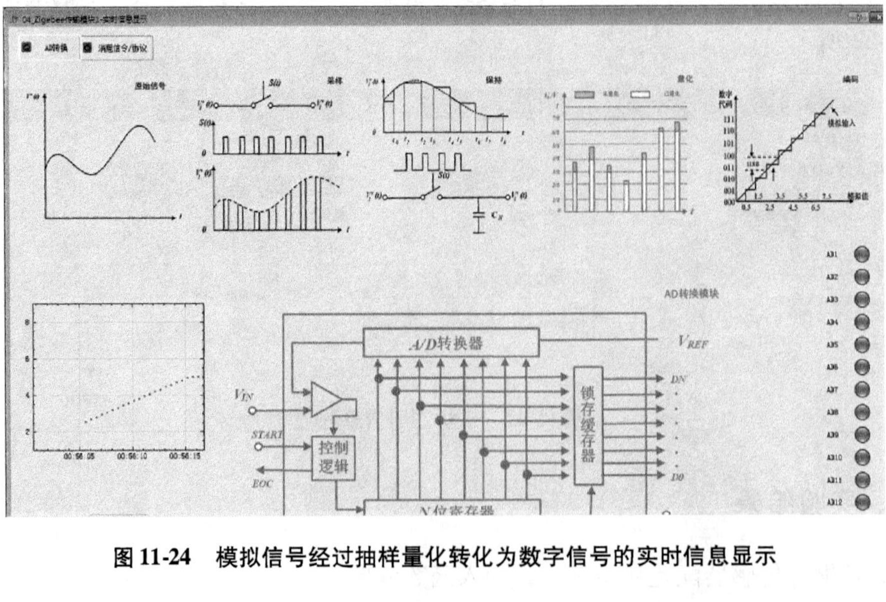

图 11-24　模拟信号经过抽样量化转化为数字信号的实时信息显示

（3）手机验证。通过虚拟场景中的手机对烟雾传感器的烟雾浓度进行控制，如图 11-25 所示。

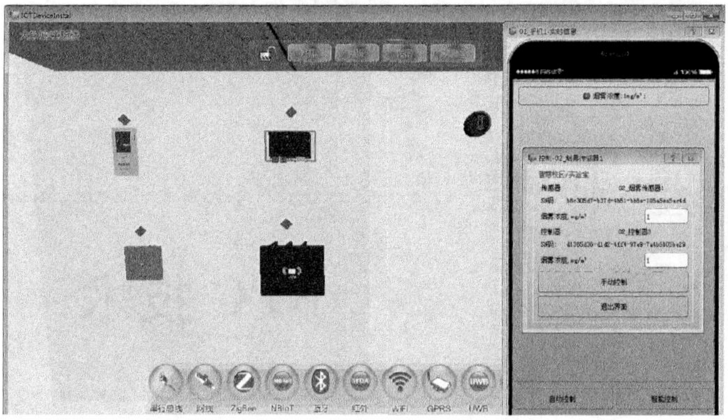

图 11-25　手机验证

五、实验报告要求

（1）通过烟雾传感器和 UWB 模块，结合近场通信技术，实现对消防系统的智能控制。

（2）在输入不同的模拟环境信号下，记录消防系统的开关情况。

实验十二 NFC技术

一、实验目的

（1）掌握NFC传输模块及NFC网关的基础知识；

（2）理解NFC传输模块及NFC网关的工作过程；

（3）了解NFC传输模块及NFC网关在移动互联网中的搭建方法；

（4）掌握通过NFC传输模块及NFC网关实现场景中用人脸识别传感器控制门禁的方法。

二、实验仪器

Com-Way移动互联创新开发仿真系统。

三、实验内容

1. 数据配置

人脸识别仪通过串行总线连接NFC传输模块；NFC传输模块通过串行总线连接控制器，通过NFC连接NFC网关；控制器通过控制总线连接场景中的显示设备；NFC网关通过网线与信息中心的路由器相连；同时，路由器通过网线连接云端服务器，通过WiFi连接手机，如图12-1所示。

具体参数配置见表12-1至表12-8。

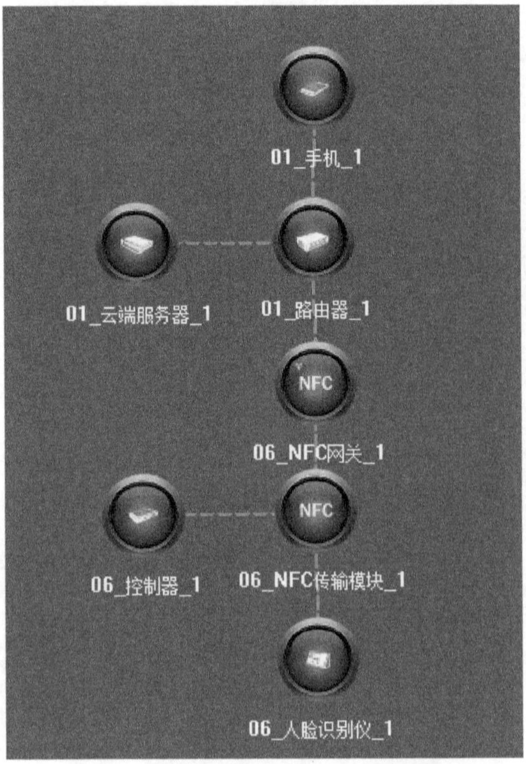

图12-1 NFC技术实验原理示意图

表 12-1　传感器参数配置

主要数据	参数名称	参数值
设备信息	SN 码	自动生成
	设备类型	自动生成
参数信息	总线速率/(kbits/s)	1024

表 12-2　控制器参数配置

主要数据	参数名称	参数值
控制参数	总线速率/(kbits/s)	1024

表 12-3　传输模块与网关参数配置

NFC 传输模块（A）			NFC 网关（B）		
主要数据	参数名称	参数值	主要数据	参数名称	参数值
设备信息	SN 码	自动生成	NFC 节点集/0	SN 码	与 A 中生成的 SN 码一致
传输参数	节点地址	A1-B1-C1-D1		节点地址	A1-B1-C1-D1
	重启自动加入网络	是		重启自动加入网络	是
	总线速率/(kbits/s)	1024			
	网络拓扑	点对点	传输参数	网络拓扑	点对点
	节点类型	终端设备		节点类型	网关设备

表 12-4　传输网关与路由器参数配置

NFC 网关（A）			路由器（B）		
主要数据	参数名称	参数值	主要数据	参数名称	参数值
设备信息	SN 码	自动生成	端口配置/0	对端设备 SN 码	与 A 中生成的 SN 码一致
上行接口/FE 接口设置	IP 地址	1.1.1.1		IP 地址	1.1.2.1
	子网掩码	255.255.0.0		子网掩码	255.255.0.0
	网关	1.1.2.1			
	VLAN	1		VLAN	1
	端口模式	tag		端口模式	tag

表 12-5　云端服务器与路由器参数配置

<table>
<tr><th colspan="3">云端服务器（A）</th><th colspan="3">路由器（B）</th></tr>
<tr><th>主要数据</th><th>参数名称</th><th>参数值</th><th>主要数据</th><th>参数名称</th><th>参数值</th></tr>
<tr><td>设备信息</td><td>SN 码</td><td>自动生成</td><td rowspan="4">端口配置/1</td><td>对端设备 SN 码</td><td>与 A 中生成的 SN 码一致</td></tr>
<tr><td rowspan="3">硬件配置/网卡 0/FE0</td><td>IP 地址</td><td>1.1.1.2</td><td>IP 地址</td><td>1.1.2.2</td></tr>
<tr><td>子网掩码</td><td>255.255.0.0</td><td>子网掩码</td><td>255.255.0.0</td></tr>
<tr><td>网关</td><td>1.1.2.2</td><td>端口模式</td><td>untag</td></tr>
</table>

表 12-6　手机与路由器参数配置

<table>
<tr><th colspan="3">手机（A）</th><th colspan="3">路由器（B）</th></tr>
<tr><th>主要数据</th><th>参数名称</th><th>参数值</th><th>主要数据</th><th>参数名称</th><th>参数值</th></tr>
<tr><td rowspan="2">WiFi 接口设置</td><td>SSID 名</td><td>comway</td><td rowspan="2">WiFi 参数</td><td>SSID 名</td><td>comway</td></tr>
<tr><td>网络密钥</td><td>101</td><td>网络密钥</td><td>101</td></tr>
</table>

表 12-7　手机与云端服务器参数配置

<table>
<tr><th colspan="3">手机（A）</th><th colspan="3">云端服务器（B）</th></tr>
<tr><th>主要数据</th><th>参数名称</th><th>参数值</th><th>主要数据</th><th>参数名称</th><th>参数值</th></tr>
<tr><td rowspan="2">设备信息</td><td>设备类型</td><td>手机</td><td rowspan="4">应用终端节点集/0</td><td>应用端类型</td><td>手机</td></tr>
<tr><td>SN 码</td><td>自动生成</td><td>SN 码</td><td>与 A 中生成的 SN 码一致</td></tr>
<tr><td rowspan="2">注册信息</td><td>用户名</td><td>101</td><td>用户名</td><td>101</td></tr>
<tr><td>密码</td><td>101</td><td>密码</td><td>101</td></tr>
</table>

表 12-8　传感器与云端服务器参数配置

<table>
<tr><th colspan="3">人脸识别传感器（A）</th><th colspan="3">云端服务器（B）</th></tr>
<tr><th>主要数据</th><th>参数名称</th><th>参数值</th><th>主要数据</th><th>参数名称</th><th>参数值</th></tr>
<tr><td rowspan="2">设备信息</td><td>设备类型</td><td>RFID 传感器</td><td rowspan="2">传感器节点集/0</td><td>传感器类型</td><td>人脸识别仪</td></tr>
<tr><td>SN 码</td><td>自动生成</td><td>SN 码</td><td>与 A 中生成的 SN 码一致</td></tr>
</table>

2. 设备安装步骤

（1）参见实验一中“2. 设备安装步骤”的（1）~（5），在图 12-2 所示的主场景登录界面选择“智慧校园”主场景。

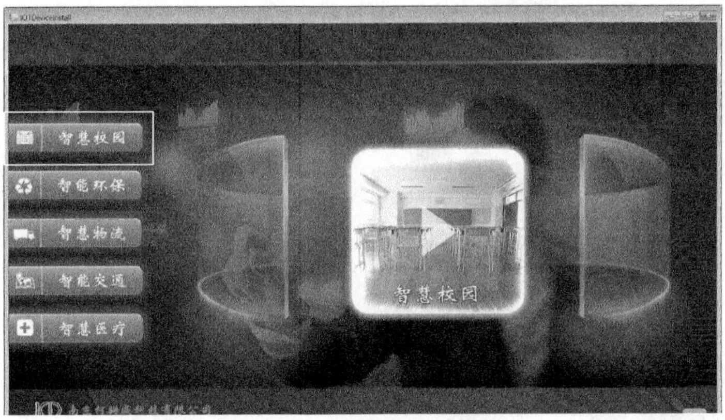

图 12-2　主场景登录界面

（2）进入智慧校园主场景，如图 12-3 所示。

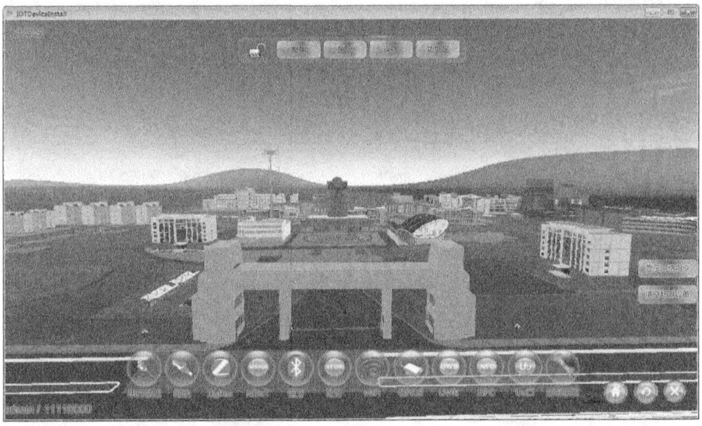

图 12-3　智慧校园主场景

（3）进入智慧校园中的教室小场景，如图 12-4 所示。

图 12-4　智慧校园中的教室小场景

（4）找到门禁功能区进行设备安装，如图 12-5 所示。

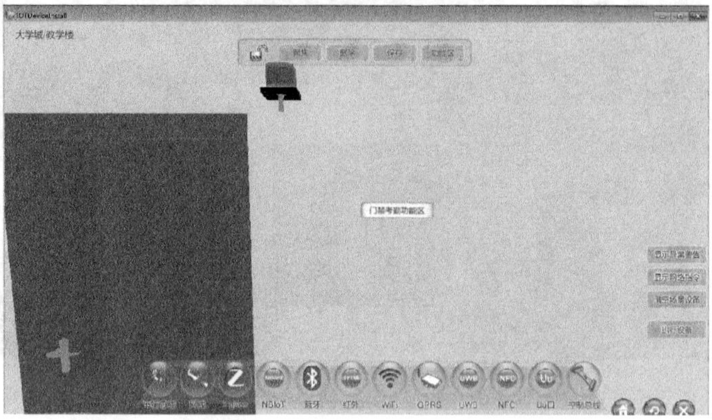

图 12-5　在门禁功能区安装设备

（5）在功能区安装传感器、传输模块、传输网关、控制器，如图 12-6 所示。

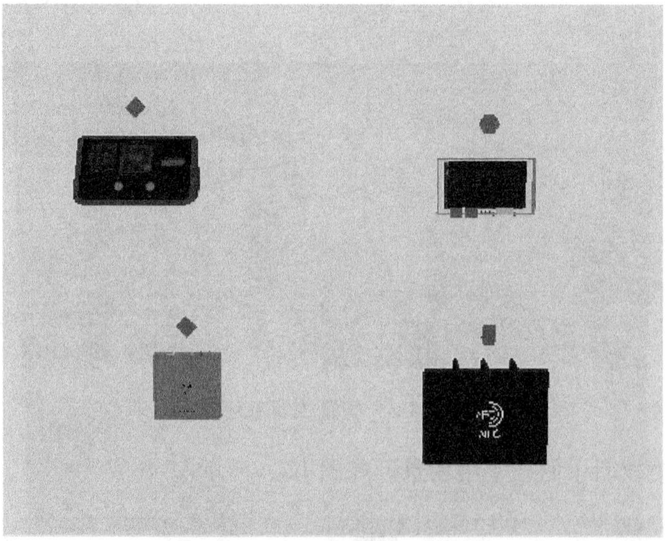

图 12-6　在功能区安装设备

（6）通过图 12-7 所示的线缆将设备连接在一起。传感器与传输模块通过串行总线连接，传输模块与控制器通过串行总线连接，控制器与显示设备通过控制总线相连，NFC 传输模块与 NFC 网关通过 NFC 的连接线连接，NFC 网关通过网线与信息中心的路由器相连。

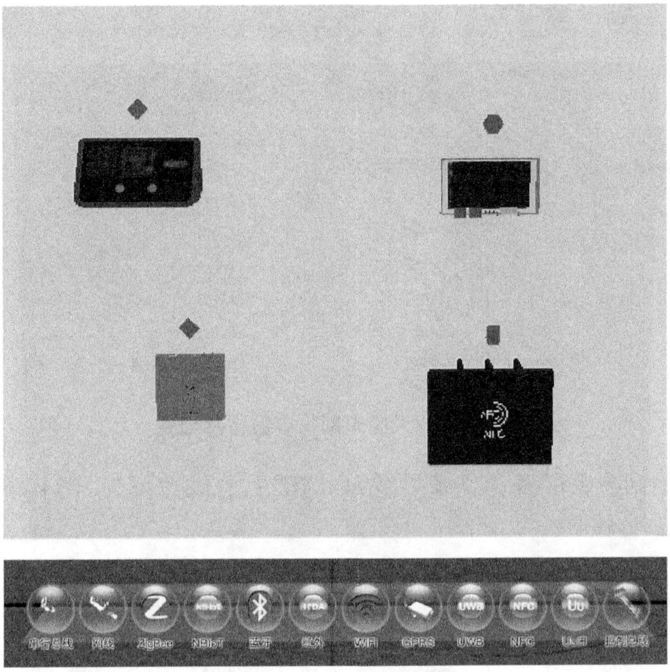

图 12-7　连接设备

（7）在信息中心中安装路由器、云端服务器、手机终端并相互连线，如图 12-8 所示。

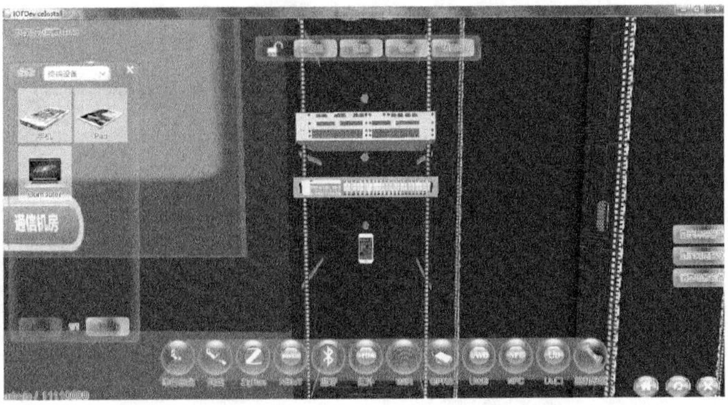

图 12-8　在信息中心中安装设备并相互连线

3. 系统调试步骤

对安装的设备进行数据配置，具体步骤如下：

（1）人脸识别仪参数信息配置：总线类型为 UART；总线速率为 1024 kbits/s，如图 12-9 所示。

图 12-9　人脸识别仪参数信息配置

（2）控制器控制参数配置：总线类型为 UART；总线速率为 1024 kbits/s，如图 12-10 所示。

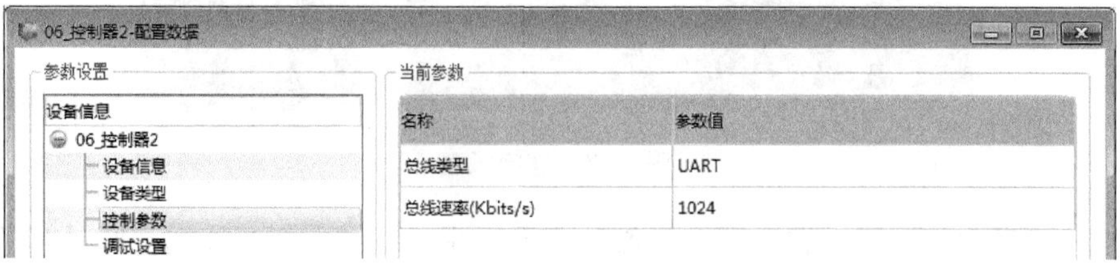

图 12-10　控制器控制参数配置

（3）NFC 传输模块传输参数配置：总线类型为 UART；总线速率为 1024 kbits/s，如图 12-11 所示。

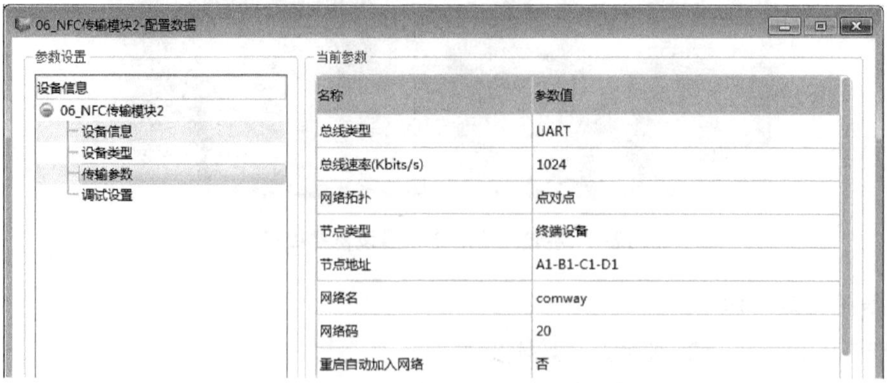

图 12-11　NFC 传输模块传输参数配置

（4）NFC 网关传输参数配置：网络拓扑为点对点；节点类型为网关设备；网络名为 comway；网络码为 20，如图 12-12 所示。

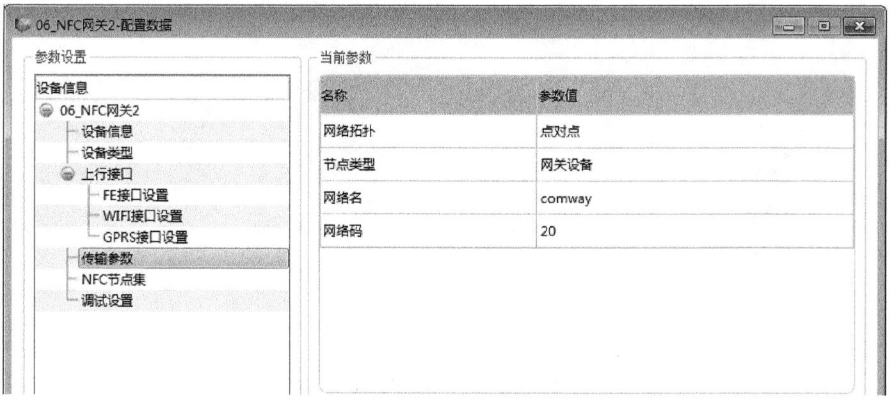

图 12-12　NFC 网关传输参数配置

（5）NFC 网关 NFC 节点集 0 配置：SN 码为 NFC 模块的 SN 码信息，如图 12-13 所示。

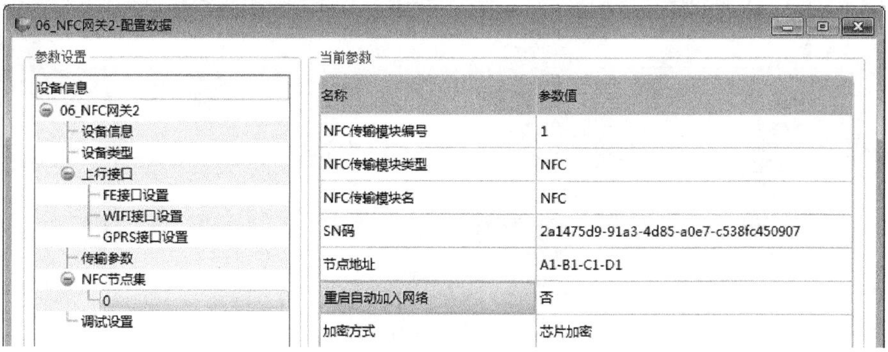

图 12-13　NFC 网关 NFC 节点集 0 配置

（6）NFC 网关上行接口 FE 接口设置：端口模式为 tag；IP 地址为 1. 1. 1. 1；子网掩码为 255. 255. 0. 0；网关为 1. 1. 2. 1；VLAN 为 1，如图 12-14 所示。

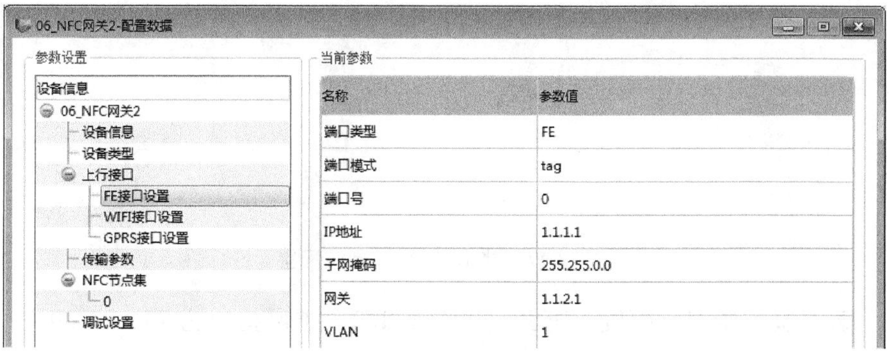

图 12-14　NFC 网关上行接口 FE 接口设置

（7）路由器端口 0 配置：端口模式为 tag；对端设备 SN 码为网关的 SN 码信息；IP 地址为 1. 1. 2. 1；子网掩码为 255. 255. 0. 0；VLAN 为 1，如图 12-15 所示。

图 12-15　路由器端口 0 配置

（8）路由器端口 1 配置：端口模式为 untag；对端设备 SN 码为服务器的 SN 码信息；IP 地址为 1. 1. 2. 2；子网掩码为 255. 255. 0. 0；VLAN 为空，如图 12-16 所示。

图 12-16　路由器端口 1 配置

（9）路由器 WiFi 参数：SSID 名为 comway；网络密钥为 101，如图 12-17 所示。

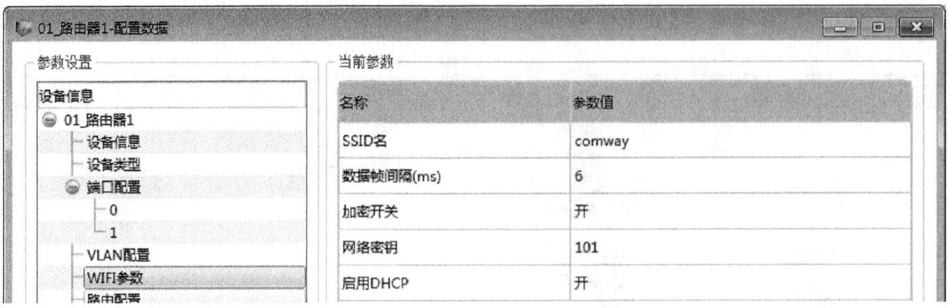

图 12-17　路由器 WiFi 参数配置

（10）云端服务器网卡配置：IP 地址为 1. 1. 1. 2；子网掩码为 255. 255. 0. 0；网关为 1. 1. 2. 2，如图 12-18 所示。

图 12-18　云端服务器网卡配置

（11）云端服务器传感器节点集 0 配置：传感器类型为人脸识别仪；SN 码为人脸识别仪的 SN 码信息，如图 12-19 所示。

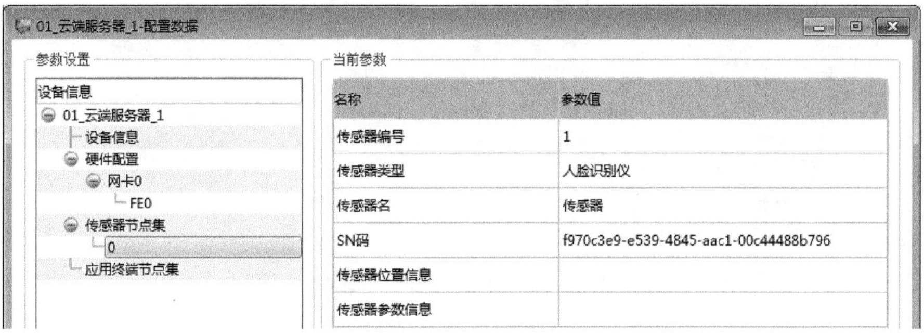

图 12-19　云端服务器传感器节点集 0 配置

（12）云端服务器应用终端节点集 0 配置：应用终端类型为手机；SN 码为手机的 SN 码信息；用户名为 101；密码为 101，如图 12-20 所示。

图 12-20　云端服务器应用终端节点集 0 配置

（13）手机 WiFi 接口设置：SSID 名为 comway；网络密钥为 101（与路由器保持一致），如图 12-21 所示。

图 12-21　手机 WiFi 接口设置

（14）手机注册信息配置：用户名为 101，密码为 101，如图 12-22 所示。

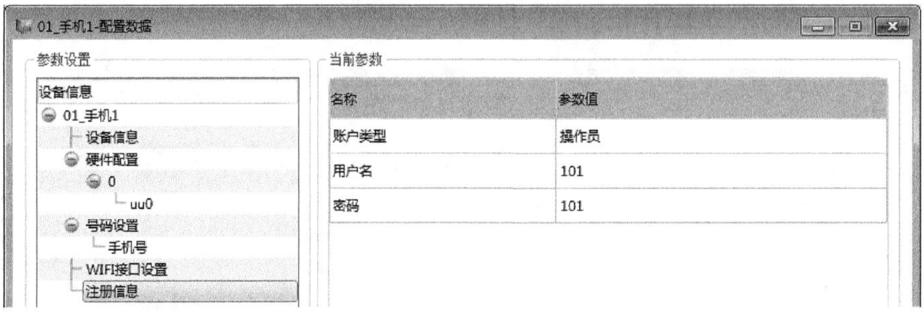

图 12-22　手机注册信息配置

四、实验结果

（1）给人脸识别仪配置初始信号，加入函数波形。

数据类型选择开关量；数值分布模型选择方波分布模型；最大值和最小值根据场景中的执行机构而设定，点击“生成数据”按钮即可看到根据函数所设定的模拟量模型，如图 12-23 所示。

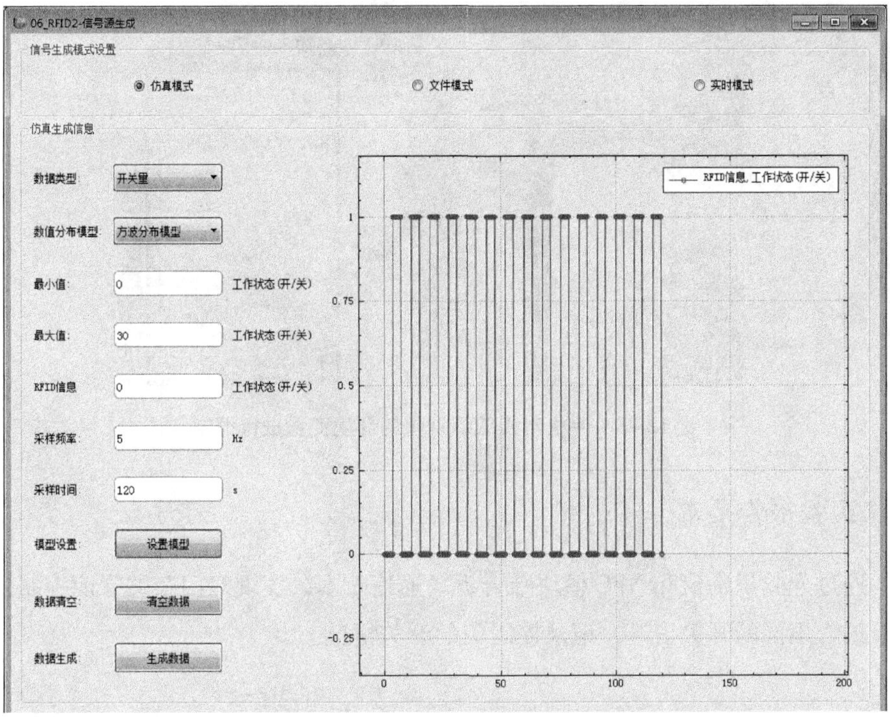

图 12-23　给人脸识别仪配置初始信号

（2）开启设备，进行实验。模拟信号经过抽样量化转化为数字信号的实时信息显示如图 12-24 所示。

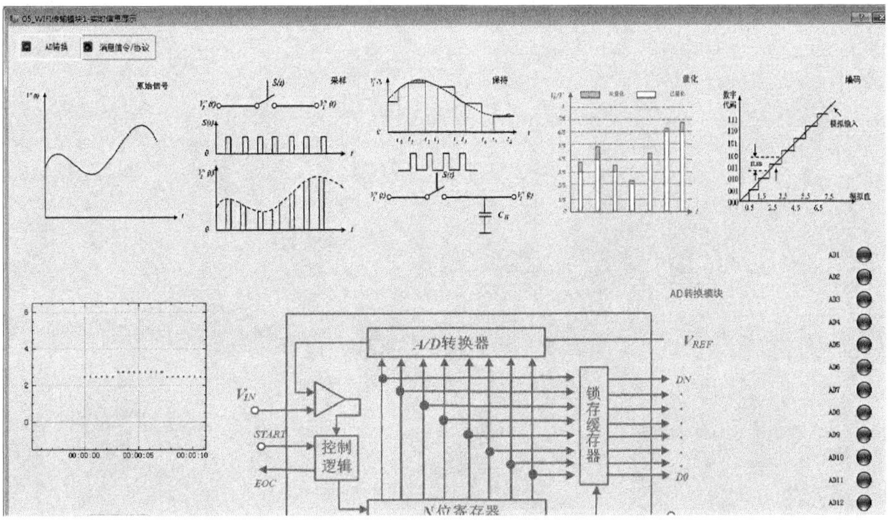

图 12-24　模拟信号经过抽样量化转化为数字信号的实时信息显示

（3）手机验证。通过虚拟场景中的手机对人脸识别仪的环境变量进行控制，如图 12-25 所示。

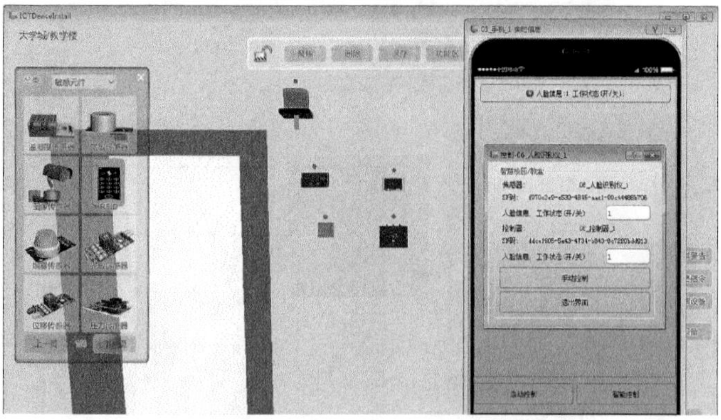

图 12-25　手机对人脸识别仪的环境变量进行控制

五、实验报告要求

（1）通过人脸识别仪和 NFC 模块结合近场通信技术，实现对门禁的智能控制。

（2）输入不同的开关信号，记录控制门的开关情况。

实验十三

游泳馆综合实验

一、实验目的

（1）了解游泳馆场景的应用需求；

（2）掌握多种传感器综合接入方式；

（3）了解在综合组网下，各个传输模块和网关的接线配置方式；

（4）掌握使用软件虚拟仿真移动互联网项目，在智慧校园场景的游泳馆搭建综合组网项目的方法。

二、实验仪器

Com-Way 移动互联创新开发仿真系统。

三、实验内容

1. 数据配置

游泳馆综合实验是在智慧校园场景中的游泳馆小场景搭建的移动互联网项目，在游泳馆场景中的功能区上分别搭建了移动互联网的传感器设备，将传感器设备与控制器、传输模块、传输网关相连，然后使网关连接云端设备，构成一个完整的移动互联网项目。游泳馆综合实验搭建了温湿度监控项目、灯光控制项目、水位监控项目、刷卡门禁项目、视频监控项目、水质监测项目，如图 13-1 所示。

图 13-1　游泳馆综合实验原理示意图

具体参数配置见表 13-1 至表 13-20。

表 13-1　传感器参数配置

主要数据		参数名称	参数值
温湿度传感器	设备信息	SN 码	自动生成
		设备类型	自动生成
	参数信息	总线速率/(kbits/s)	240
光敏传感器	设备信息	SN 码	自动生成
		设备类型	自动生成
	参数信息	总线速率/(kbits/s)	240
图像传感器	设备信息	SN 码	自动生成
		设备类型	自动生成
	参数信息	总线速率/(kbits/s)	1024
水质分析仪	设备信息	SN 码	自动生成
		设备类型	自动生成
	参数信息	总线速率/(kbits/s)	1024
RFID	设备信息	SN 码	自动生成
		设备类型	自动生成
	参数信息	总线速率/(kbits/s)	1024
位移传感器	设备信息	SN 码	自动生成
		设备类型	自动生成
	参数信息	总线速率/(kbits/s)	1024

表 13-2　控制器控制参数配置

控制器名称	参数名称	参数值
温湿度传感器	总线速率/(kbits/s)	240
光敏传感器	总线速率/(kbits/s)	240
图像传感器	总线速率/(kbits/s)	1024
水质分析仪	总线速率/(kbits/s)	1024
RFID	总线速率/(kbits/s)	1024
位移传感器	总线速率/(kbits/s)	1024

表 13-3　NB-IoT 1 模块与网关参数配置

NB-IoT 1（温湿度传感器）			NB-IoT 网关（B）		
主要数据	参数名称	参数值	主要数据	参数名称	参数值
设备信息	SN 码	自动生成	NB 节点集/0	SN 码	与传输模块中的 SN 码一致
传输参数	NBSIM 卡号	460001234567801		NBSIM 卡号	460001234567801
	用户号	1001		用户号码	1001
	总线速率/(kbits/s)	240			
	网络拓扑	点对点	传输参数	网络拓扑	点对点
	节点类型	终端类型		节点类型	网关设备

表 13-4　NB-IoT 2 模块与网关参数配置

NB-IoT 2（光敏传感器）			NB-IoT 网关（B）		
主要数据	参数名称	参数值	主要数据	参数名称	参数值
设备信息	SN 码	自动生成	NB 节点集/1	SN 码	与传输模块中的 SN 码一致
传输参数	NBSIM 卡号	460001234567802		NBSIM 卡号	460001234567802
	用户号	1002		用户号码	1002
	总线速率/(kbits/s)	240			
	网络拓扑	点对点	传输参数	网络拓扑	点对点
	节点类型	终端类型		节点类型	网关设备

表 13-5　UWB 1 模块与网关参数配置

UWB 传输模块 1（图像传感器）			UWB 网关（B）		
主要数据	参数名称	参数值	主要数据	参数名称	参数值
设备信息	SN 码	自动生成	UWB 节点集/0	SN 码	与传输模块中的 SN 码一致
传输参数	MAC 地址	A1-B1-C1-D1		MAC 地址	A1-B1-C1-D1
	网络密钥	101		网络密钥	101
	总线速率/(kbits/s)	1024			
	网络拓扑	点对点	传输参数	网络拓扑	点对点
	节点类型	终端类型		节点类型	网关设备

表 13-6　UWB 2 模块与网关参数配置

UWB 传输模块 2（水质分析仪）			UWB 网关（B）		
主要数据	参数名称	参数值	主要数据	参数名称	参数值
设备信息	SN 码	自动生成	UWB 节点集/1	SN 码	与传输模块中的 SN 码一致
传输参数	MAC 地址	A1-B1-C1-D2		MAC 地址	A1-B1-C1-D2
	网络密钥	101		网络密钥	101
	总线速率/(kbits/s)	1024			
	网络拓扑	点对点	传输参数	网络拓扑	点对点
	节点类型	终端类型		节点类型	网关设备

表 13-7　NFC 模块与网关参数配置

NFC 传输模块（RFID）			NFC 网关（B）		
主要数据	参数名称	参数值	主要数据	参数名称	参数值
设备信息	SN 码	自动生成	NFC 节点集/0	SN 码	与传输模块中的 SN 码一致
传输参数	MAC 地址	A1-B1-C1-D3		MAC 地址	A1-B1-C1-D3
	总线速率/(kbits/s)	1024			
	网络拓扑	点对点	传输参数	网络拓扑	点对点
	节点类型	终端类型		节点类型	网关设备

表 13-8　IrDA 模块与网关参数配置

IrDA 传输模块（位移传感器）			IrDA 网关（B）		
主要数据	参数名称	参数值	主要数据	参数名称	参数值
设备信息	SN 码	自动生成	WiFi 节点集/1	SN 码	与传输模块中的 SN 码一致
传输参数	MAC 地址	A1-B1-C1-D4		MAC 地址	A1-B1-C1-D4
	总线速率/(kbits/s)	1024			
	网络拓扑	点对点	传输参数	网络拓扑	点对点
	节点类型	终端类型		节点类型	网关设备
	网络密钥	102		网络密钥	102

表 13-9　NB-IoT 网关参数配置

NB-IoT 网关（A）			路由器（B）		
主要数据	参数名称	参数值	主要数据	参数名称	参数值
设备信息	SN 码	自动生成	端口配置/0	对端设备 SN 码	与传输网关生成的 SN 码一致
上行接口/FE 接口设置	端口模式	tag		端口模式	tag
	IP 地址	1. 1. 1. 1		IP 地址	1. 1. 2. 1
	子网掩码	255. 255. 0. 0		子网掩码	255. 255. 0. 0
	网关	1. 1. 2. 1			
	VLAN	1		VLAN	1

表 13-10　UWB 网关参数配置

UWB 网关（A）			路由器（B）		
主要数据	参数名称	参数值	主要数据	参数名称	参数值
设备信息	SN 码	自动生成	端口配置/1	对端设备 SN 码	与 A 中生成的 SN 码一致
上行接口/FE 接口设置	端口模式	tag		端口模式	tag
	IP 地址	1. 1. 1. 2		IP 地址	1. 1. 2. 2
	子网掩码	255. 255. 0. 0		子网掩码	255. 255. 0. 0
	网关	1. 1. 2. 2			
	VLAN	1		VLAN	1

表 13-11　NFC 网关参数配置

NFC 网关（A）			路由器（B）		
主要数据	参数名称	参数值	主要数据	参数名称	参数值
设备信息	SN 码	自动生成	端口配置/2	对端设备 SN 码	与传输网关生成的 SN 码一致
上行接口/FE 接口设置	端口模式	tag		端口模式	tag
	IP 地址	1.1.1.3		IP 地址	1.1.2.3
	子网掩码	255.255.0.0		子网掩码	255.255.0.0
	网关	1.1.2.3			
	VLAN	1		VLAN	1

表 13-12　IrDA 网关参数配置

IrDA 网关（A）			路由器（B）		
主要数据	参数名称	参数值	主要数据	参数名称	参数值
设备信息	SN 码	自动生成	端口配置/3	对端设备 SN 码	与传输网关生成的 SN 码一致
上行接口/FE 接口设置	端口模式	tag		端口模式	tag
	IP 地址	1.1.1.4		IP 地址	1.1.2.4
	子网掩码	255.255.0.0		子网掩码	255.255.0.0
	网关	1.1.2.4			
	VLAN	1		VLAN	1

表 13-13　云端服务器参数配置

云端服务器（A）			路由器（B）		
主要数据	参数名称	参数值	主要数据	参数名称	参数值
设备信息	SN 码	自动生成	端口配置/4	对端设备 SN 码	与 A 中生成的 SN 码一致
				端口模式	untag
硬件配置/网卡 0/FE0	IP 地址	1.1.1.5		IP 地址	1.1.2.5
	子网掩码	255.255.0.0		子网掩码	255.255.0.0
	网关	1.1.2.5			

表 13-14　手机参数配置

手机（A）			路由器（B）		
主要数据	参数名称	参数值	主要数据	参数名称	参数值
WiFi 接口设置	SSID 名	comway	WiFi 参数	SSID 名	comway
	网络密钥	201		网络密钥	201
设备信息	设备类型	手机	应用终端节点集/0	应用端类型	手机
	SN 码	自动生成		SN 码	与 A 中生成的 SN 码一致
注册信息	用户名	301		用户名	301
	密码	301		密码	301

表 13-15　温湿度传感器参数配置

温湿度传感器（A）			云端服务器（B）		
主要数据	参数名称	参数值	主要数据	参数名称	参数值
设备信息	设备类型	温湿度传感器	传感器节点集/0	传感器类型	温湿度传感器
	SN 码	自动生成		SN 码	与 A 中生成的 SN 码一致

表 13-16　光敏传感器参数配置

光敏传感器（A）			云端服务器（B）		
主要数据	参数名称	参数值	主要数据	参数名称	参数值
设备信息	设备类型	光敏传感器	传感器节点集/1	传感器类型	光敏传感器
	SN 码	自动生成		SN 码	与 A 中生成的 SN 码一致

表 13-17　图像传感器参数配置

图像传感器（A）			云端服务器（B）		
主要数据	参数名称	参数值	主要数据	参数名称	参数值
设备信息	设备类型	图像传感器	传感器节点集/2	传感器类型	图像传感器
	SN 码	自动生成		SN 码	与 A 中生成的 SN 码一致

表 13-18　水质分析仪参数配置

水质分析仪（A）			云端服务器（B）		
主要数据	参数名称	参数值	主要数据	参数名称	参数值
设备信息	设备类型	水质报告仪	传感器节点集/3	传感器类型	水质分析仪
	SN 码	自动生成		SN 码	与 A 中生成的 SN 码一致

表 13-19　RFID 传感器参数配置

RFID（A）			云端服务器（B）		
主要数据	参数名称	参数值	主要数据	参数名称	参数值
设备信息	设备类型	RFID	传感器 节点集/4	传感器类型	RFID
	SN 码	自动生成		SN 码	与 A 中生成的 SN 码一致

表 13-20　位移传感器参数配置

位移传感器（A）			云端服务器（B）		
主要数据	参数名称	参数值	主要数据	参数名称	参数值
设备信息	设备类型	位移传感器	传感器 节点集/5	传感器类型	位移传感器
	SN 码	自动生成		SN 码	与 A 中生成的 SN 码一致

2. 设备安装步骤

（1）参见实验一中“2. 设备安装步骤”的（1）~（5），在图 13-2 所示的主场景登录界面选择“智慧校园”主场景。

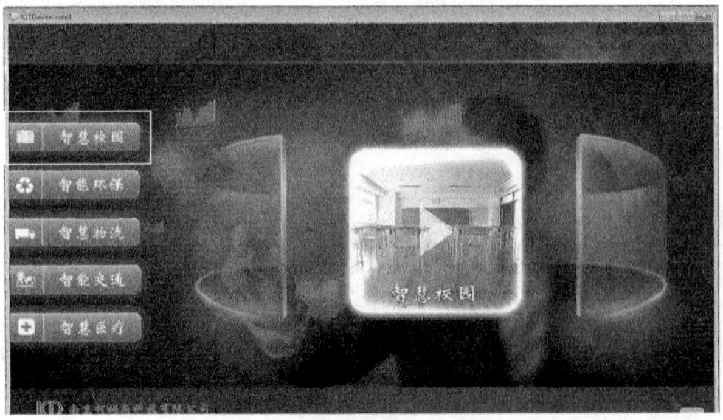

图 13-2　主场景登录界面

（2）进入智慧校园主场景，如图 13-3 所示。

图 13-3　智慧校园主场景

（3）进入智慧校园中的游泳馆小场景，如图 13-4 所示。

图 13-4　智慧校园中的游泳馆小场景

（4）在环境温度功能区安装温湿度传感器、控制器、传输模块、传输网关并用线缆相互连接，如图 13-5 所示。

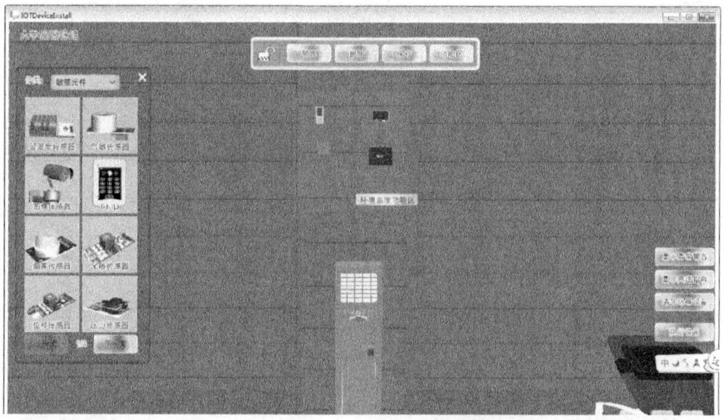

图 13-5　在环境温度功能区安装并连接设备

（5）在水位功能区安装位移传感器、控制器、传输模块并用线缆相互连接，如图 13-6 所示。

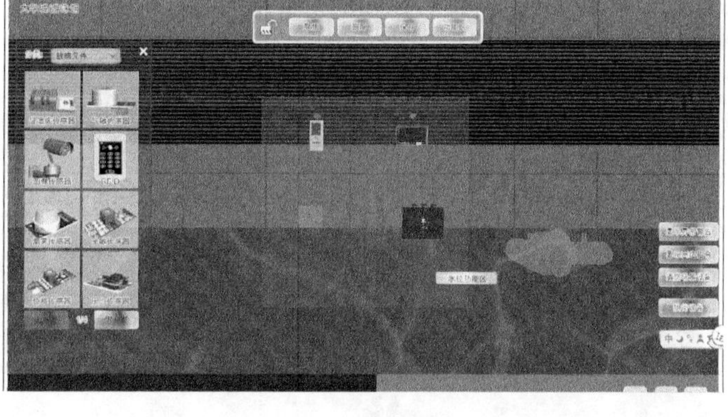

图 13-6　在水位功能区安装并连接设备

（6）在灯光控制区安装光敏传感器、控制器、传输模块并用线缆相互连接，如图 13-7 所示。

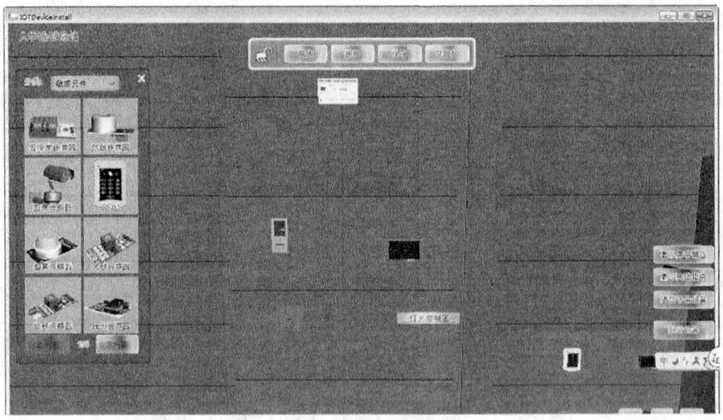

图 13-7　在灯光控制区安装并连接设备

（7）在刷卡计费功能区安装 RFID、控制器、传输模块并用线缆相互连接，如图 13-8 所示。

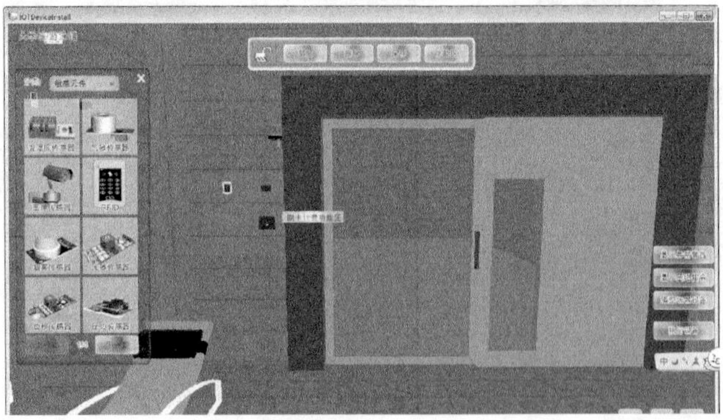

图 13-8　在刷卡计费功能区安装并连接设备

（8）在监控功能区安装图像传感器、控制器、传输模块并用线缆相互连接，如图 13-9 所示。

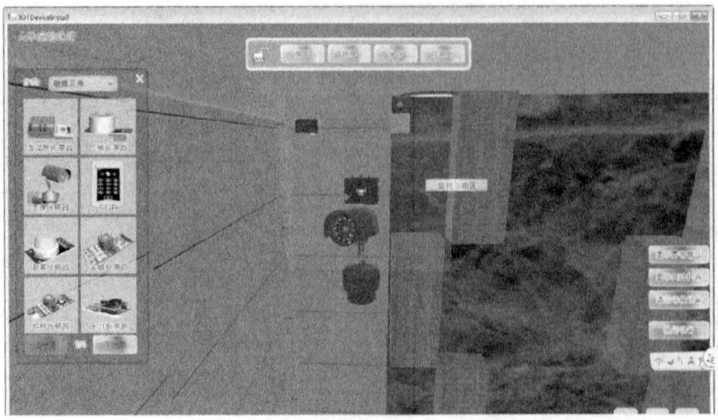

图 13-9　在监控功能区安装并连接设备

（9）在信息中心中安装路由器、云端服务器、手机终端并相互连线，如图 13-10 所示。

图 13-10　在信息中心中安装设备并连线

3. 系统调试步骤

（1）温湿度传感器参数信息配置：总线类型为 UART；总线速率为 240 kbits/s，如图 13-11 所示。

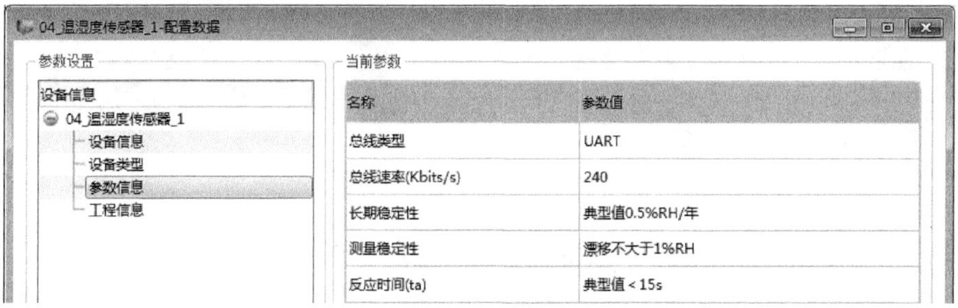

图 13-11　温湿度传感器参数信息配置

（2）光敏传感器参数信息配置：总线类型为 UART；总线速率为 240 kbits/s，如图 13-12 所示。

图 13-12　光敏传感器参数信息配置

（3）图像传感器参数信息配置：总线类型为 UART；总线速率为 1024 kbits/s，如图 13-13 所示。

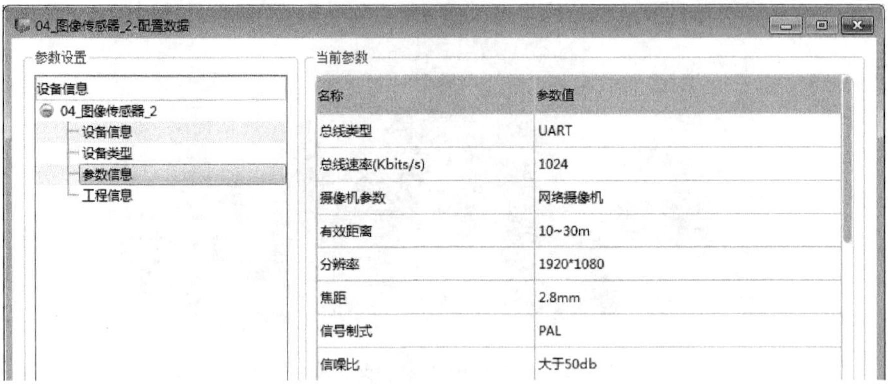

图 13-13　图像传感器参数信息配置

（4）水质分析仪参数信息配置：总线类型为 UART；总线速率为 1024 kbits/s，如图 13-14 所示。

图 13-14　水质分析仪参数信息配置

（5）RFID 参数信息配置：总线类型为 UART；总线速率为 1024 kbits/s，如图 13-15 所示。

图 13-15　RFID 参数信息配置

（6）位移传感器参数信息配置：总线类型为 UART；总线速率为 1024 kbits/s，如图 13-16 所示。

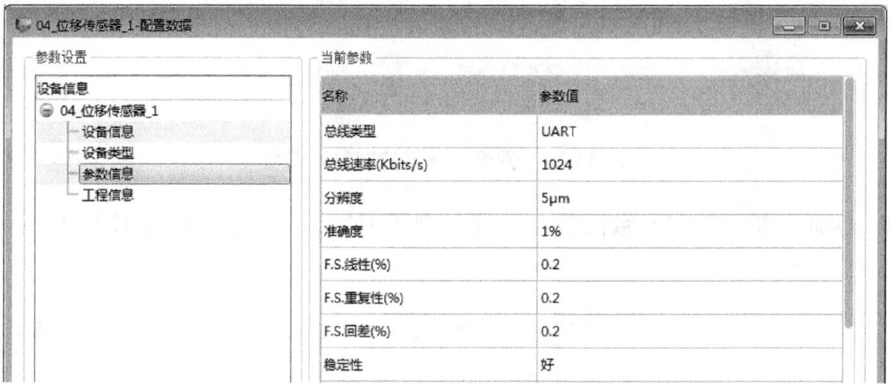

图 13-16　位移传感器参数信息配置

（7）温湿度传感器控制参数配置：总线类型为 UART；总线速率为 240 kbits/s，如图 13-17 所示。

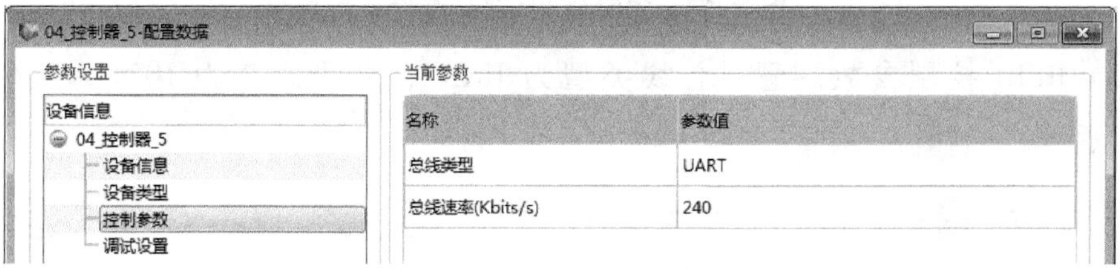

图 13-17　温湿度传感器控制参数配置

（8）光敏传感器控制参数配置：总线类型为 UART；总线速率为 240 kbits/s，如图 13-18 所示。

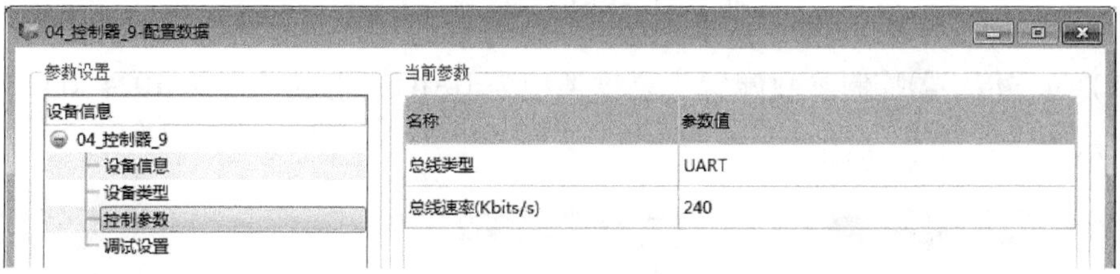

图 13-18　光敏传感器控制参数配置

（9）图像传感器控制参数配置：总线类型为 UART；总线速率为 1024 kbits/s，如图 13-19 所示。

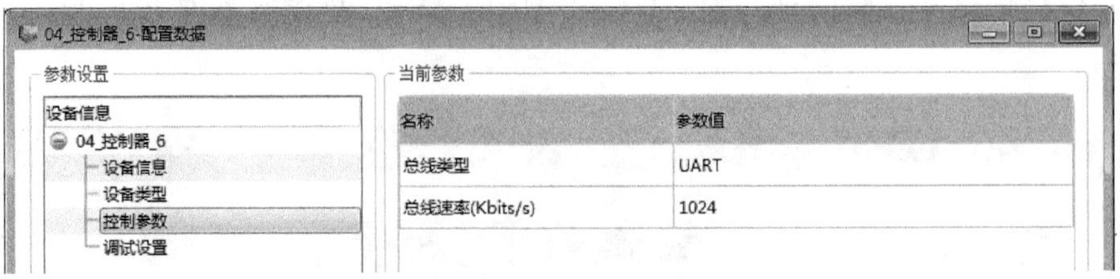

图 13-19　图像传感器控制参数配置

（10）水质分析仪控制参数配置：总线类型为 UART；总线速率为 1024 kbits/s，如图 13-20 所示。

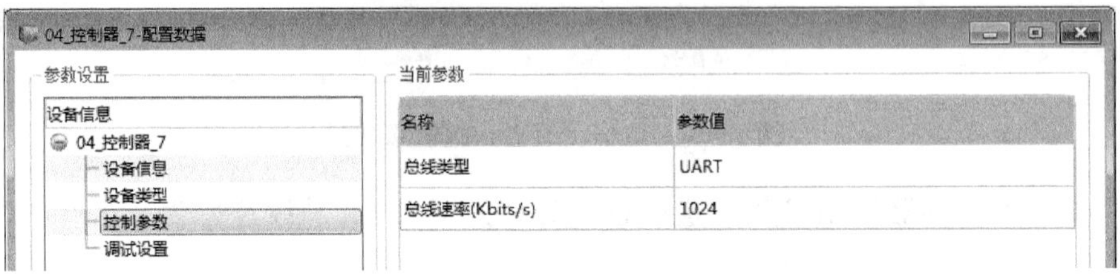

图 13-20　水质分析仪控制参数配置

（11）RFID 控制参数配置：总线类型为 UART；总线速率为 1024 kbits/s，如图 13-21 所示。

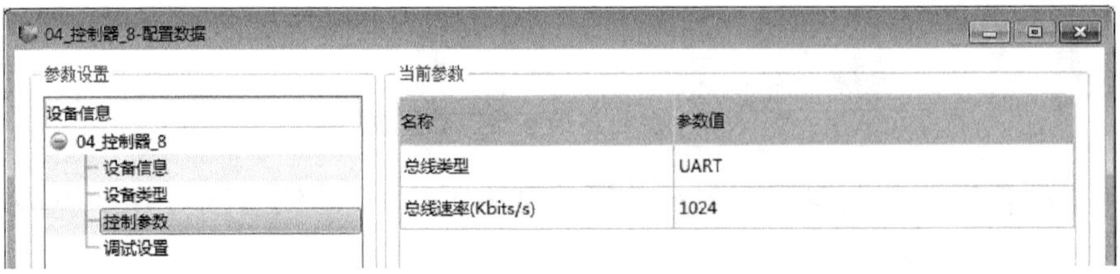

图 13-21　RFID 控制参数配置

（12）位移传感器控制参数配置：总线类型为 UART；总线速率为 1024 kbits/s，如图 13-22 所示。

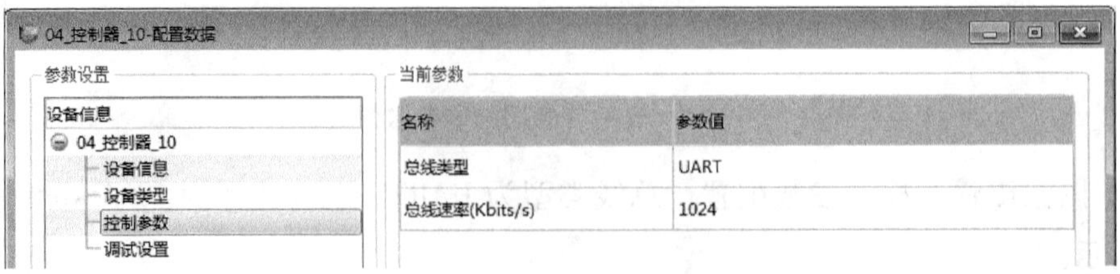

图 13-22　位移传感器控制参数配置

（13）NB-IoT 传输模块 1（温湿度传感器）传输参数的配置：总线类型为 UART；总线速率为 240 kbits/s，如图 13-23 所示。

图 13-23　NB-IoT 传输模块 1（温湿度传感器）传输参数配置

（14）NB-IoT 传输模块 2（光敏传感器）传输参数的配置：总线类型为 UART；总线速率为 240 kbits/s，如图 13-24 所示。

图 13-24　NB-IoT 传输模块 2（光敏传感器）传输参数配置

（15）UWB 传输模块 1（图像传感器）传输参数的配置：总线类型为 UART；总线速率为 1024 kbits/s，如图 13-25 所示。

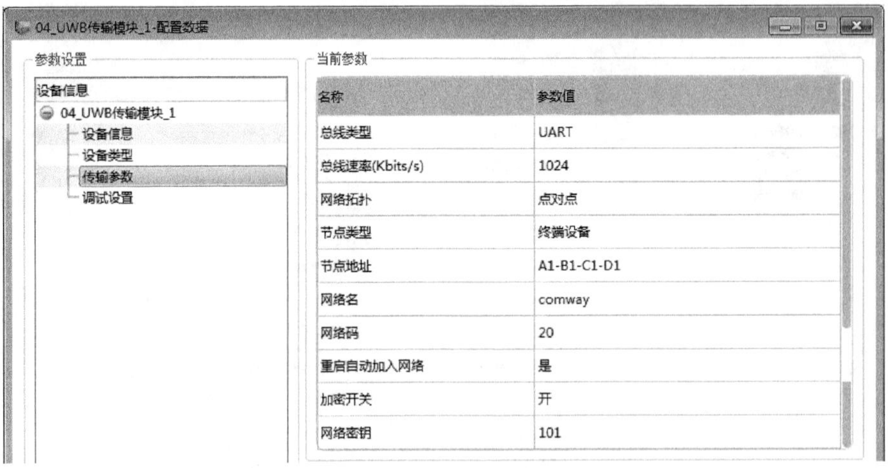

图 13-25　UWB 传输模块 1（图像传感器）传输参数配置

（16）UWB 传输模块 2（水质分析仪）传输参数的配置：总线类型为 UART；总线速率为 1024 kbits/s，如图 13-26 所示。

图 13-26　UWB 传输模块 2（水质分析仪）传输参数配置

（17）NFC 传输模块 1（RFID）传输参数的配置：总线类型为 UART；总线速率为 1024 kbits/s，如图 13-27 所示。

图 13-27　NFC 传输模块 1（RFID）传输参数配置

（18）IrDA 传输模块 1（位移传感器）传输参数配置：总线类型为 UART；总线速率为 1024 kbits/s，如图 13-28 所示。

图 13-28　IrDA 传输模块 1（位移传感器）传输参数配置

（19）NB-IoT 网关传输参数的配置（与模块一致）如图 13-29 所示。

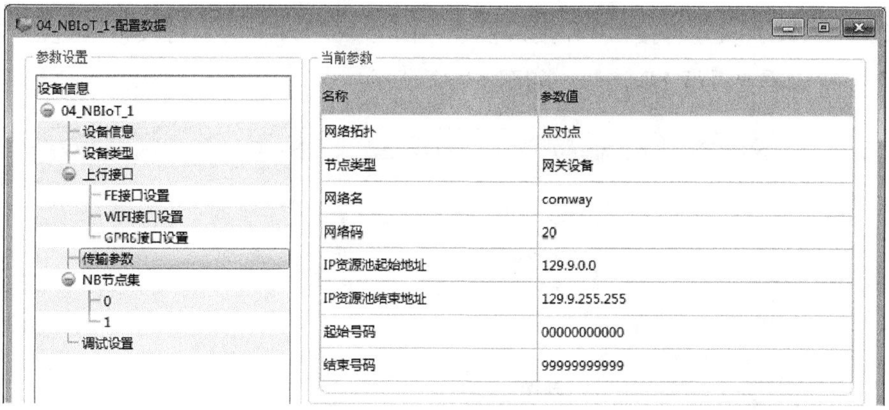

图 13-29　NB-IoT 网关传输参数配置

（20）NB-IoT 网关节点集 0 的配置如图 13-30 所示。

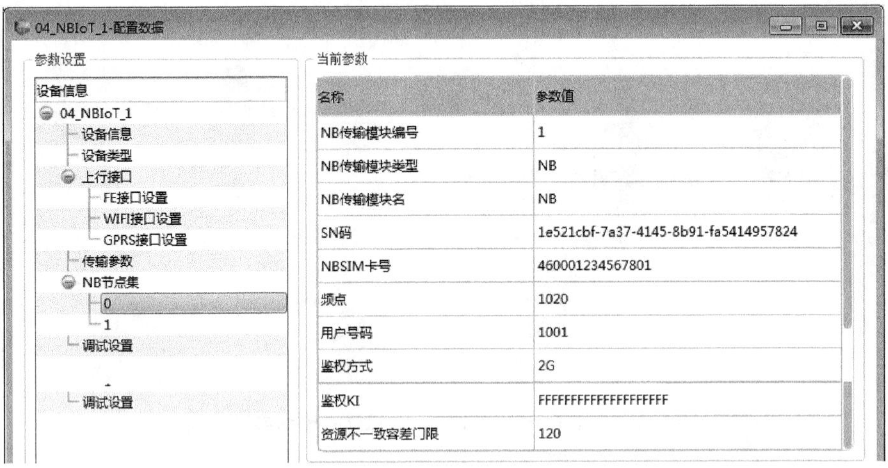

图 13-30　NB-IoT 网关节点集 0 配置

（21）NB-IoT 网关节点集的配置如图 13-31 所示。

图 13-31　NB-IoT 网关节点集配置

（22）NB-IoT 网关上行接口 FE 接口设置：因为 NB-IoT-1 的上行接口通过网线连接到路由器上，所以需要设置 FE 接口，如图 13-32 所示。

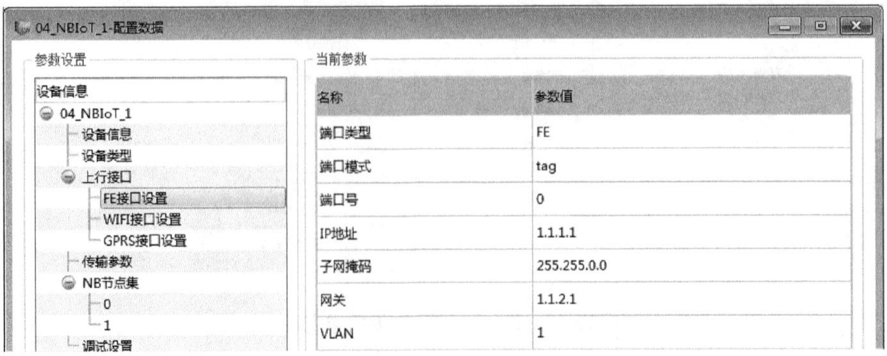

图 13-32　NB-IoT 网关上行接口 FE 接口设置

（23）UWB 网关传输参数的配置如图 13-33 所示。

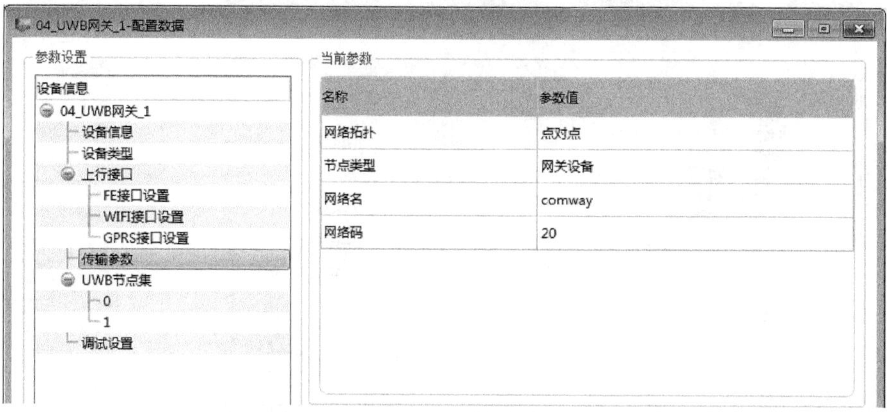

图 13-33　UWB 网关传输参数配置

（24）UWB 网关节点集 0 的配置如图 13-34 所示。

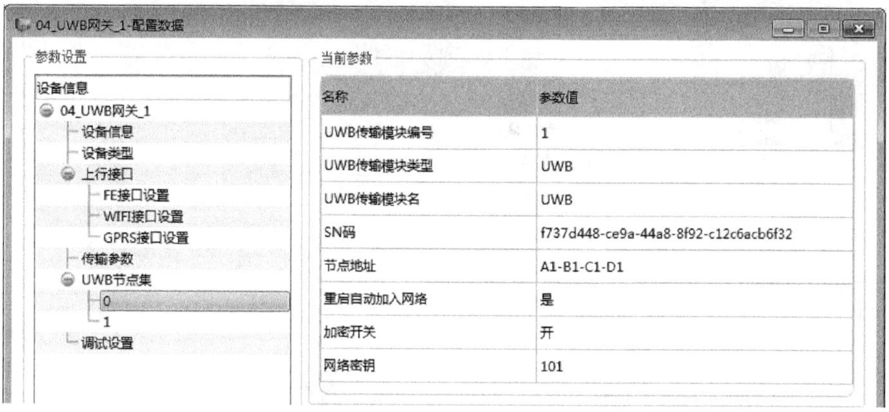

图 13-34　UWB 网关节点集 0 配置

（25）UWB 网关节点集 1 的配置如图 13-35 所示。

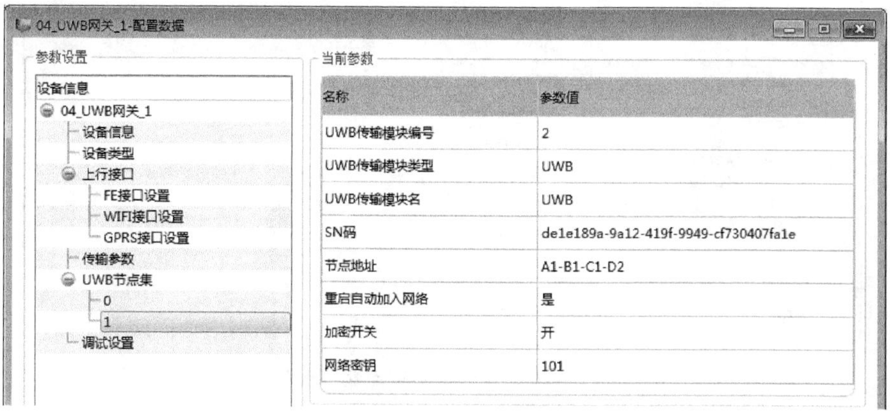

图 13-35　UWB 网关节点集 1 配置

（26）UWB 网关上行接口 FE 接口设置如图 13-36 所示。

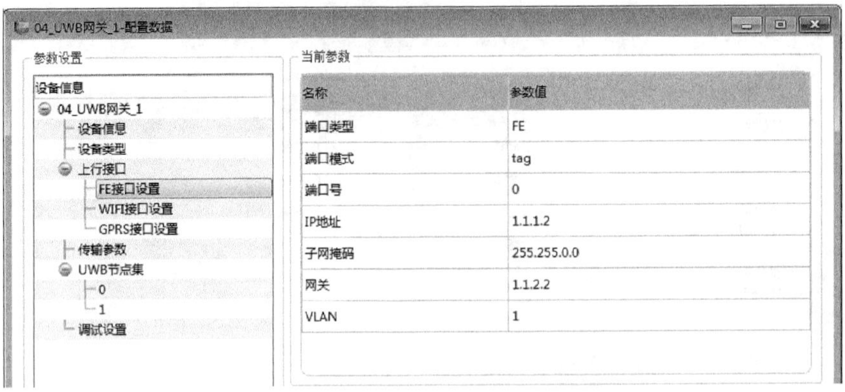

图 13-36　UWB 网关上行接口 FE 接口设置

（27）NFC 网关传输参数的配置如图 13-37 所示。

图 13-37　NFC 网关传输参数配置

（28）NFC 网关节点集 0 的配置如图 13-38 所示。

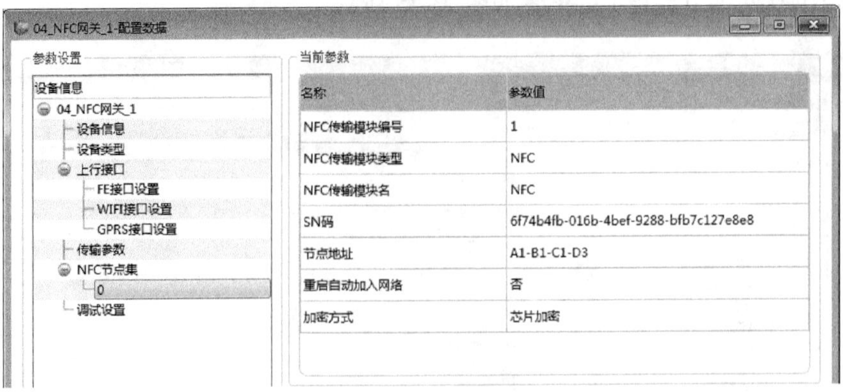

图 13-38　NFC 网关节点集 0 配置

（29）NFC 网关上行接口 FE 接口设置如图 13-39 所示。

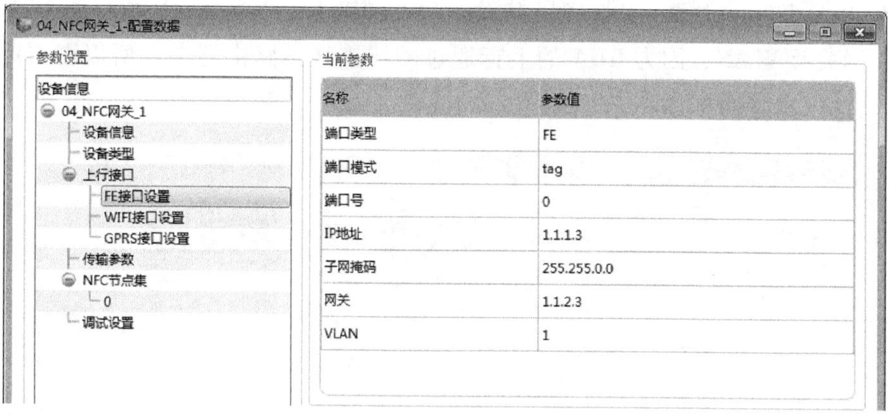

图 13-39　NFC 网关上行接口 FE 接口设置

（30）IrDA 网关节点集 0 的配置（配置 IrDA 节点集 0，复制模块的 SN 码，从而进行匹配），如图 13-40 所示。

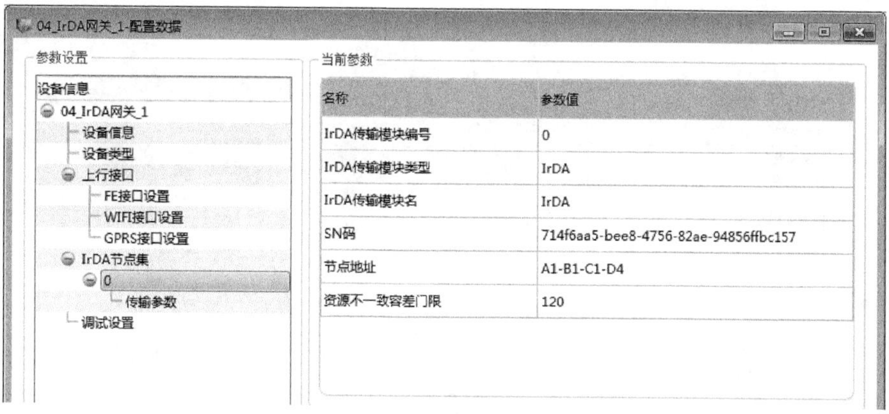

图 13-40　IrDA 网关节点集 0 配置

（31）IrDA 网关传输参数的配置如图 13-41 所示。

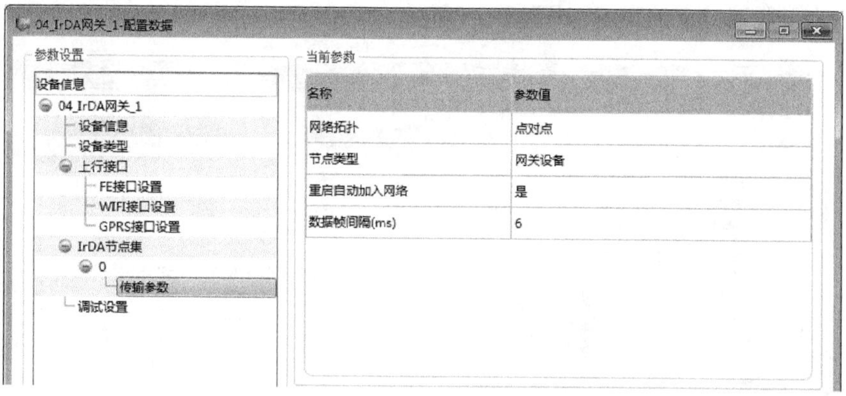

图 13-41　IrDA 网关传输参数配置

（32）IrDA 网关上行接口 FE 接口设置（配置网关上行接口的 FE 接口的 IP 地址、子网掩码、网关及 VLAN，因为 IrDA 的上行通过网线连接到路由器上，所以需要配置它的 FE 接口信息），如图 13-42 所示。

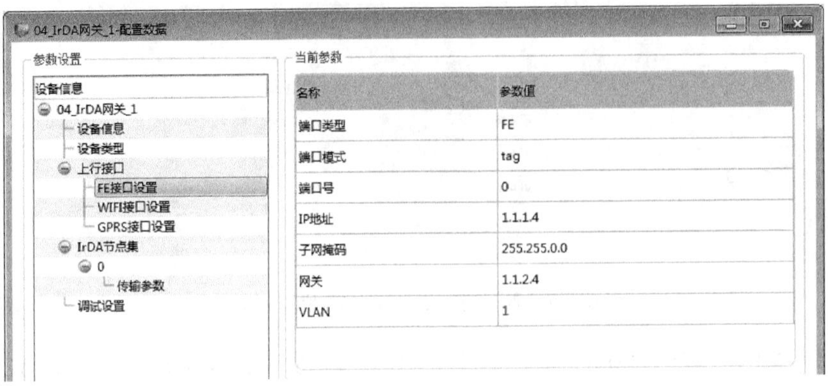

图 13-42　IrDA 网关上行接口 FE 接口设置

（33）路由器端口 0 的配置如图 13-43 所示。

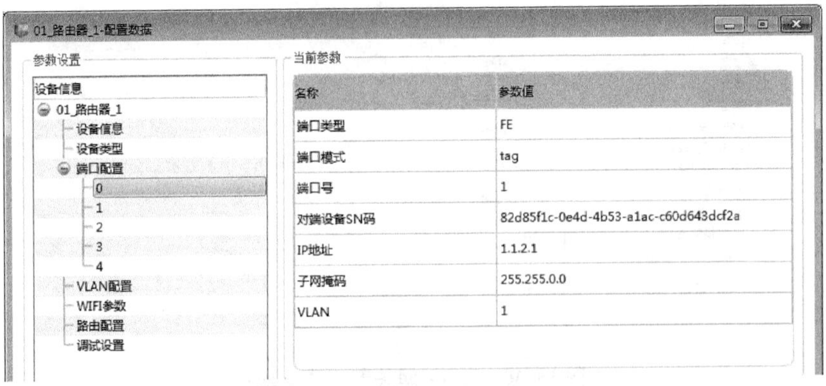

图 13-43　路由器端口 0 配置

（34）路由器端口 1 的配置如图 13-44 所示。

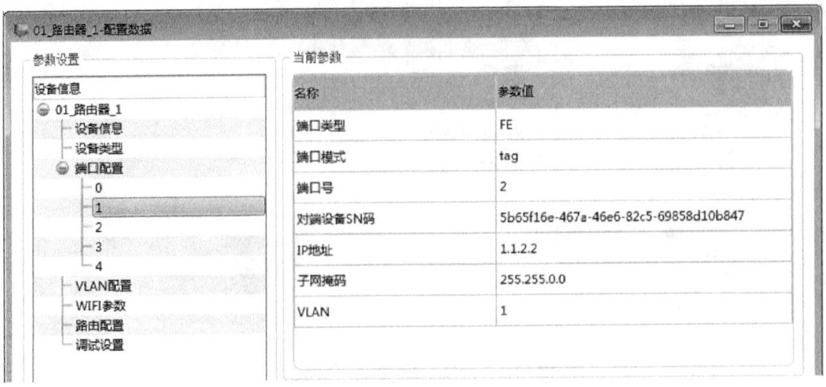

图 13-44　路由器端口 1 配置

（35）路由器端口 2 的配置如图 13-45 所示。

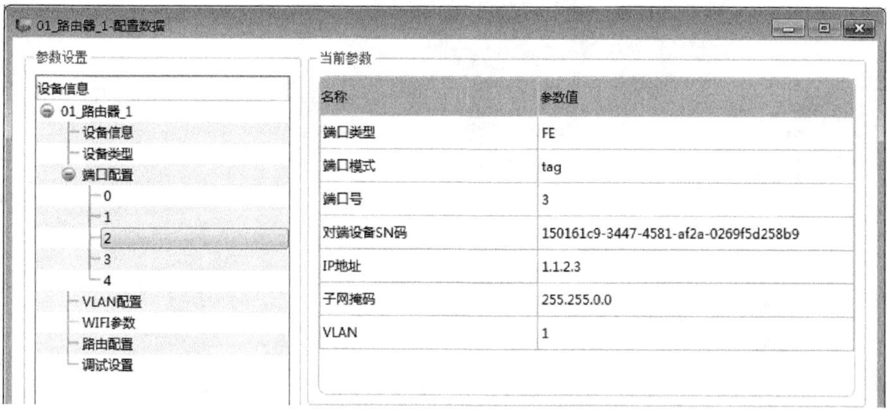

图 13-45　路由器端口 2 配置

（36）路由器端口 3 的配置如图 13-46 所示。

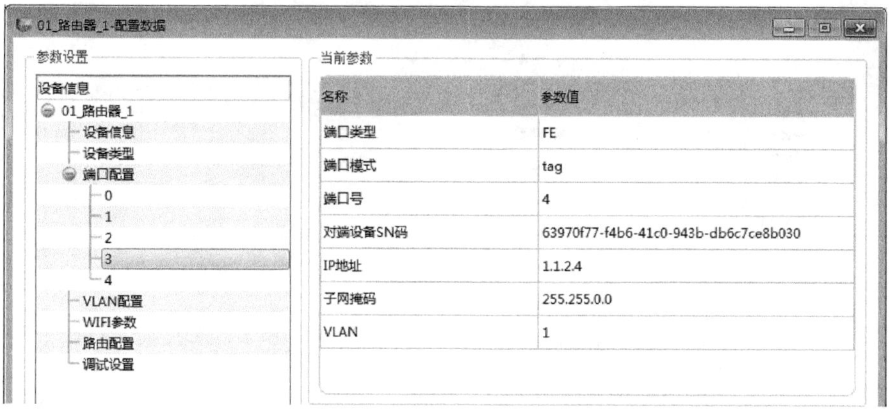

图 13-46　路由器端口 3 配置

（37）路由器端口 4 的配置如图 13-47 所示。

图 13-47　路由器端口 4 配置

（38）路由器 WiFi 参数的配置如图 13-48 所示。

图 13-48　路由器 WiFi 参数配置

（39）云端服务器网卡 0 的配置如图 13-49 所示。

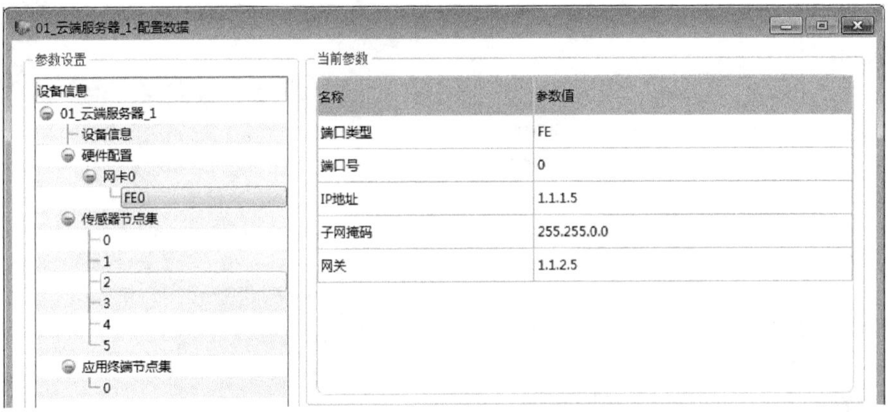

图 13-49　云端服务器网卡 0 配置

（40）云端服务器传感器节点集 0 的配置如图 13-50 所示。

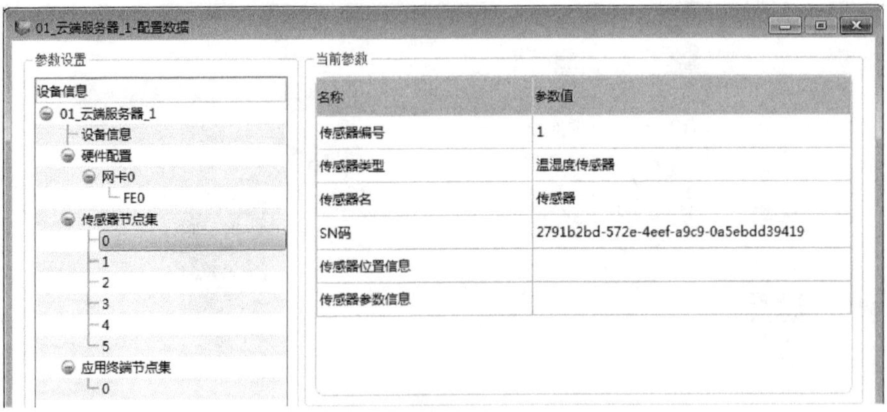

图 13-50　云端服务器传感器节点集 0 配置

（41）云端服务器传感器节点集 1 的配置如图 13-51 所示。

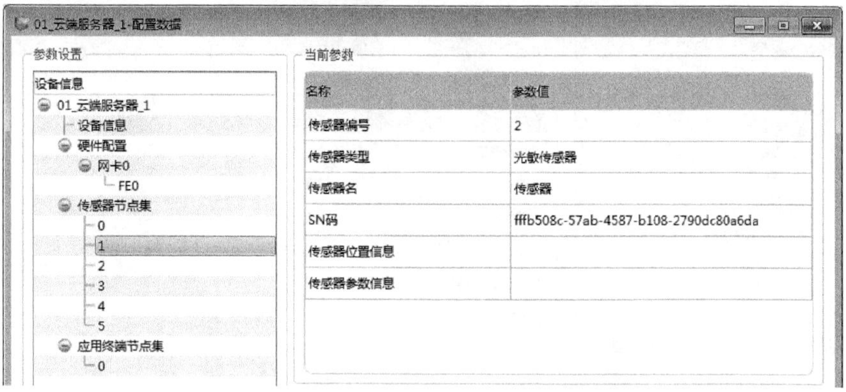

图 13-51　云端服务器传感器节点集 1 配置

（42）云端服务器传感器节点集 2 的配置如图 13-52 所示。

图 13-52　云端服务器传感器节点集 2 配置

（43）云端服务器传感器节点集 3 的配置（复制水质分析仪的 SN 码），如图 13-53 所示。

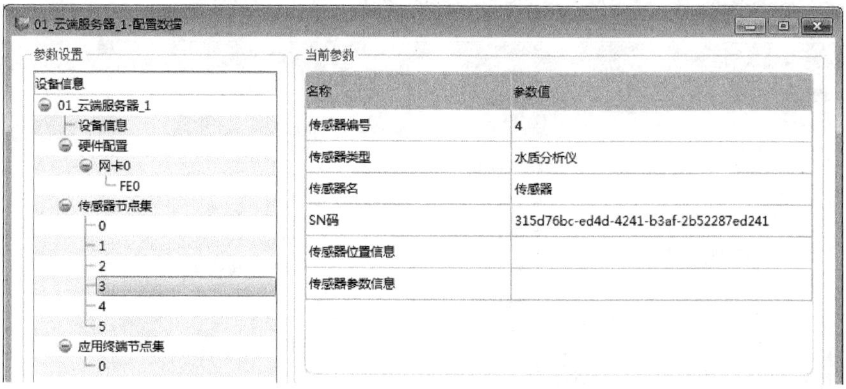

图 13-53　云端服务器传感器节点集 3 配置

（44）云端服务器传感器节点集 4 的配置如图 13-54 所示。

图 13-54　云端服务器传感器节点集 4 配置

（45）云端服务器传感器节点集 5 的配置如图 13-55 所示。

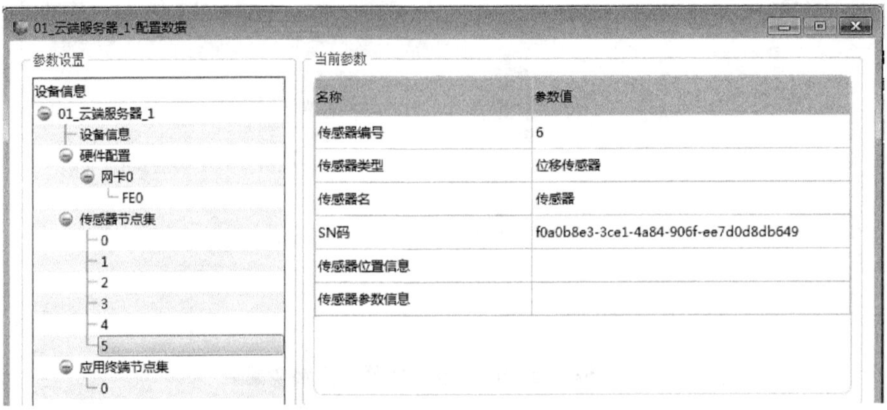

图 13-55　云端服务器传感器节点集 5 配置

（46）云端服务器应用终端节点集 0 的配置如图 13-56 所示。

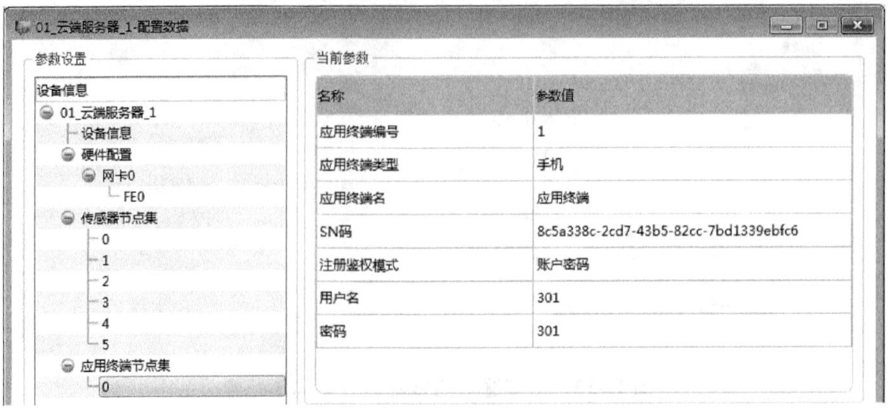

图 13-56　云端服务器应用终端节点集 0 配置

（47）手机 WiFi 接口设置如图 13-57 所示。

图 13-57 手机 WiFi 接口设置

（48）手机注册信息的配置如图 13-58 所示。

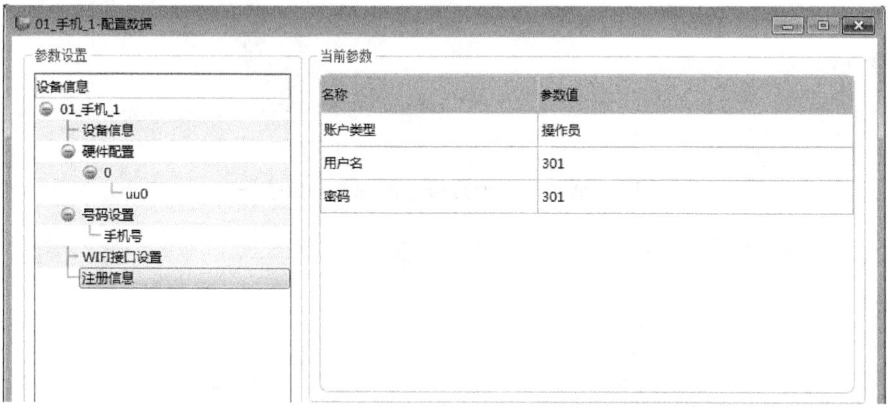

图 13-58 手机注册信息配置

四、实验结果

（1）给温湿度传感器配置初始信号，加入函数波形。

数据类型为模拟量；温度和湿度的数值分布模型均选择线性分布模型；最大值为 30，最小值为 0，最大值和最小值的取值范围取决于仿真场景中的执行机构，如图 13-59 所示。

（2）给光敏传感器配置初始信号，加入函数波形。

数据类型选择模拟量；数值分布模型选择线性分布模型（只要能够看出变化，其他模型也可以）；最小值为 0，最大值为 30，点击“生成数据”按钮即可看到根据函数所设定的模拟量模型，如图 13-60 所示。

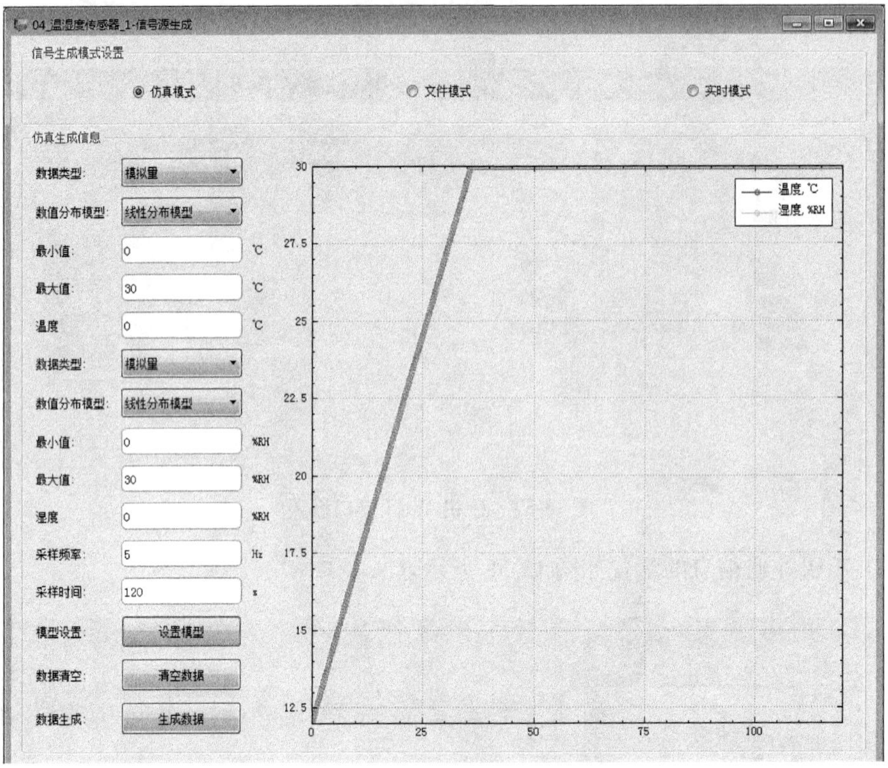

图 13-59　给温湿度传感器配置初始信号

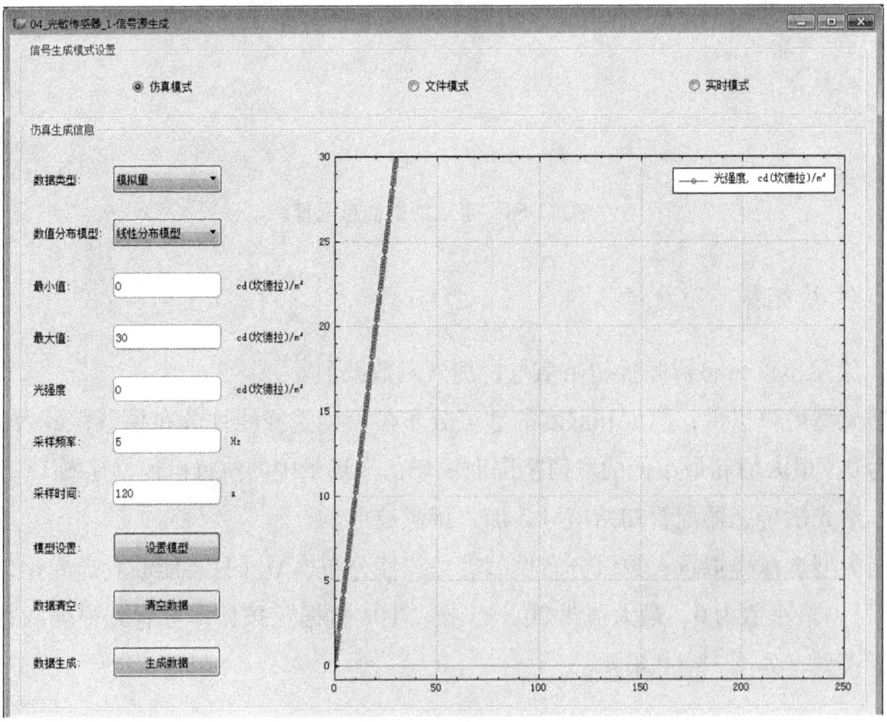

图 13-60　给光敏传感器配置初始信号

（3）给图像传感器配置初始信号，加入函数波形。

图像传感器需要控制两个变量，即方位和俯仰。其中，数据类型都设置为模拟量，方位角的数值分布模型选为线性分布模型，俯仰角的数值分布模型选为常量分布模型；最小值为0°，最大值为30°；方位为30°，俯仰为15°。点击“生成数据”按钮后可以看到生成的函数模型，如图13-61所示。

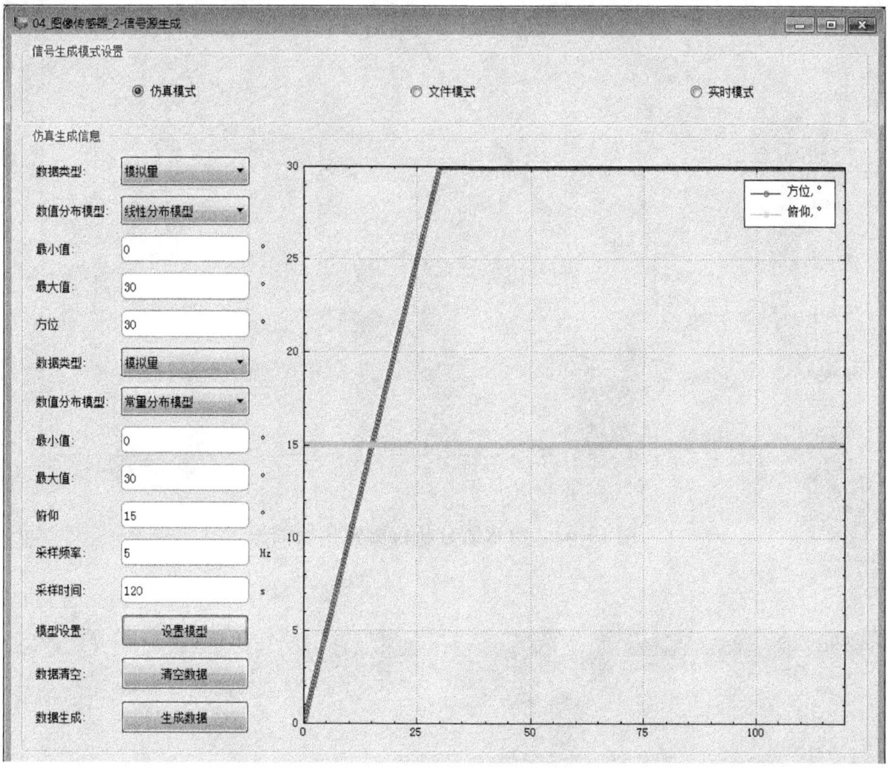

图13-61　给图像传感器配置初始信号

（4）给水质分析仪配置初始信号，加入函数波形。

数据类型选择模拟量；数值分布模型选择线性分布模型；最大值和最小值根据场景中的执行机构而设定，点击“生成数据”按钮即可看到根据函数所设定的模拟量模型，如图13-62所示。

（5）给RFID配置初始信号，加入函数波形。

数据类型设置为模拟量；对应的数值分布模型选为方波分布模型，方波函数的特点是在最大值和最小值之间变化，比较符合RFID的工作状态；设置最大值为30，最小值为0，点击“生成数据”按钮即可，如图13-63所示。

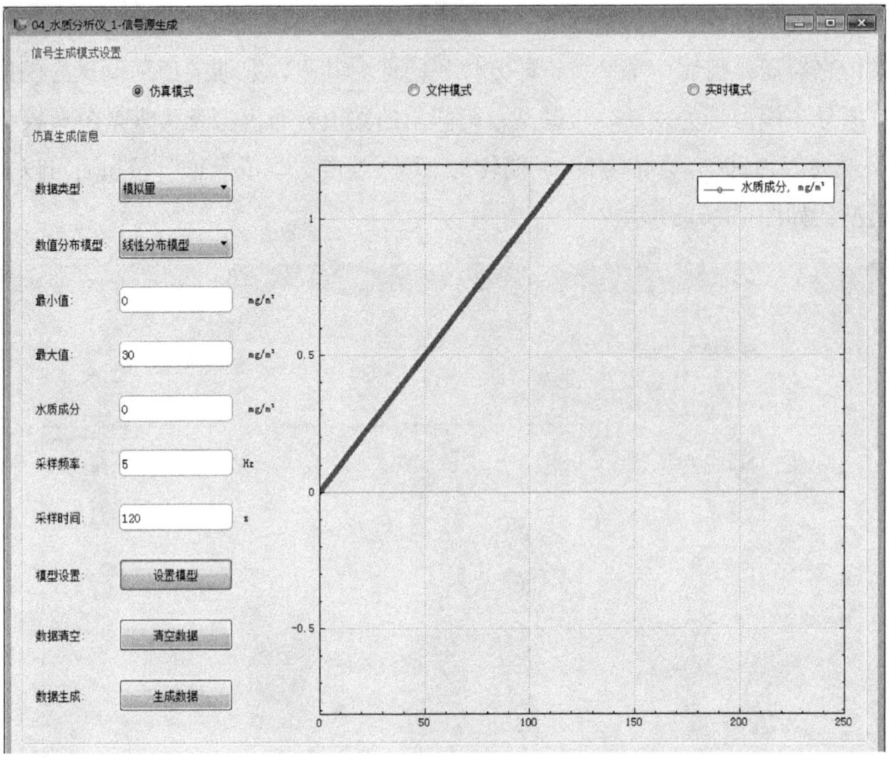

图 13-62　给水质分析仪配置初始信号

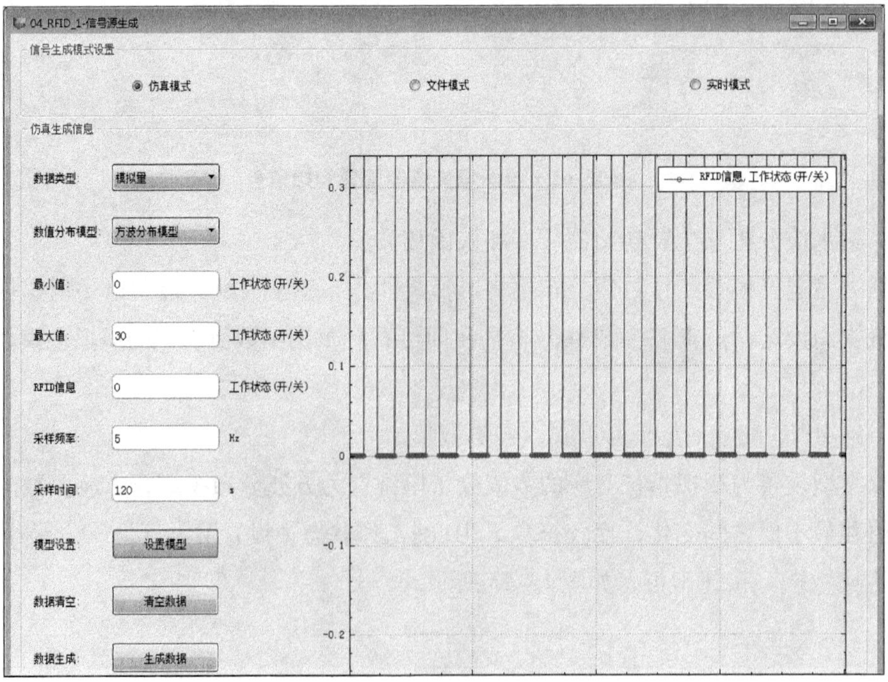

图 13-63　给 RFID 配置初始信号

（6）给位移传感器配置初始信号，加入函数波形。

数据类型选择模拟量；数值分布模型选择线性分布模型；最大值和最小值根据场景中的执行机构而设定，点击“生成数据”按钮即可看到根据函数所设定的模拟量模型，如图 13-64 所示。

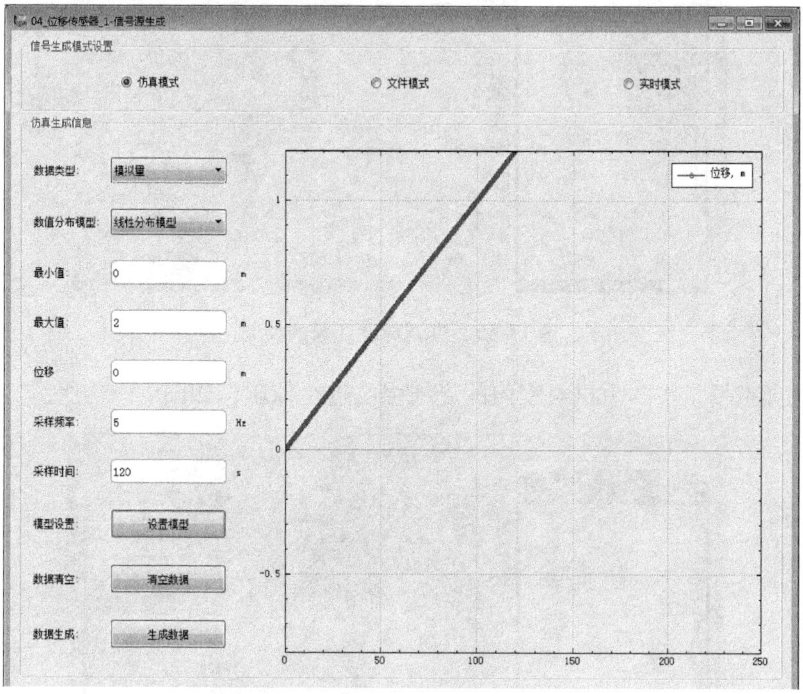

图 13-64　给位移传感器配置初始信号

（7）开启设备，进行实验。模拟信号经过抽样量化转化为数字信号的实时信息显示如图 13-65 所示。

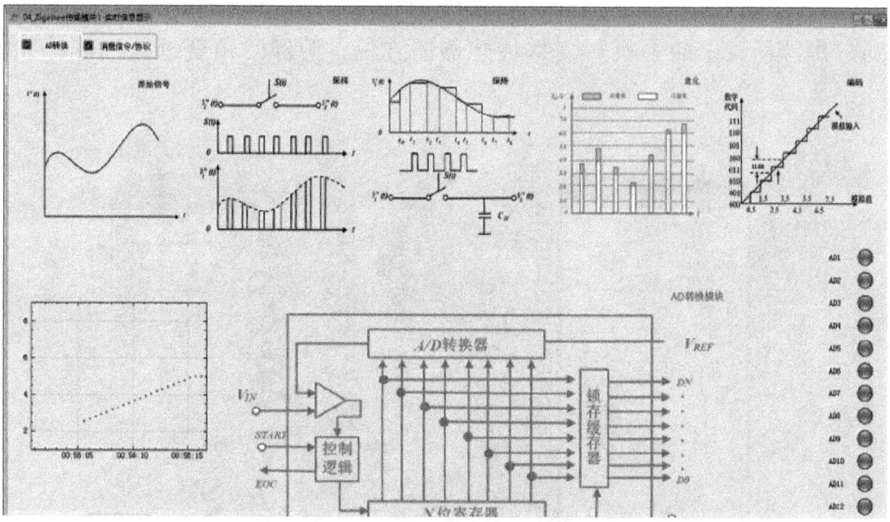

图 13-65　模拟信号转化为数字信号的实时信息显示

（8）手机验证。

① 通过虚拟场景中的手机对空调的环境变量进行控制，如图 13-66 所示。

图 13-66　空调环境变量的控制

② 通过虚拟场景中的手机对室内的光线强度进行控制，如图 13-67 所示。

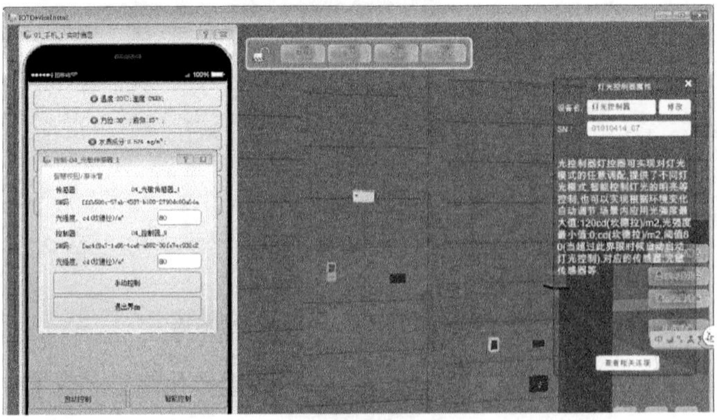

图 13-67　室内光线强度的控制

③ 通过虚拟场景中的手机对图像传感器的方位、俯仰的角度进行控制，如图 13-68 所示。

图 13-68　图像传感器方位、俯仰角度的控制

④ 通过虚拟场景中的手机对泳池场景中的水质质量进行控制，如图 13-69 所示。

图 13-69　水质质量控制

⑤ 通过虚拟场景中的手机对门禁的开关进行控制，如图 13-70 所示。

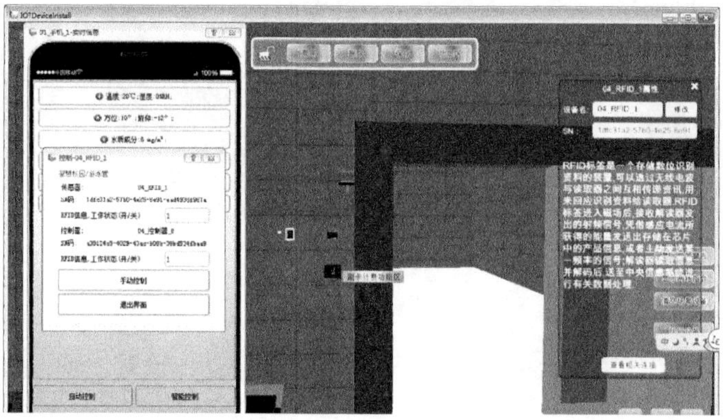

图 13-70　门禁开关控制

⑥ 通过虚拟场景中的手机对水泵进行控制，如图 13-71 所示。

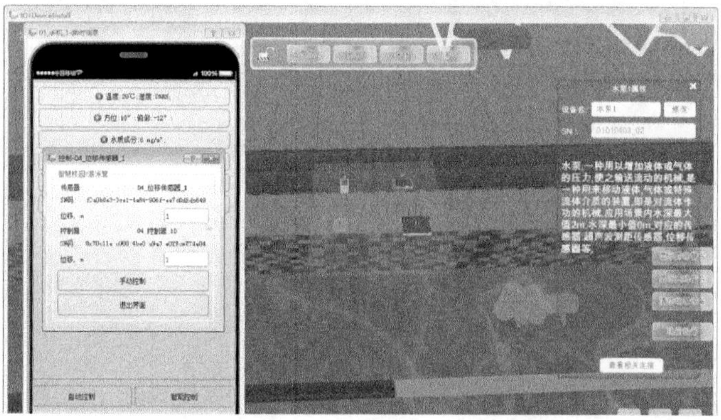

图 13-71　水泵控制

五、实验报告要求

（1）在游泳馆场景利用传感器设备、控制器、传输模块、传输网关和云端设备，搭建室内温湿度控制项目、智能灯光控制项目、图像监控项目、智慧门禁项目、水质监控项目、水面控制项目，通过手机对各个传感器进行控制，实现智慧校园中游泳馆场景的智能控制。

（2）记录各传感器相关数据，并分析其工作原理。